融合多种在线状态信息的设备故障概率分析与应用

易 俊 程 林 于 群
贺 庆 刘满君 何 剑　著

科学出版社

北　京

内 容 简 介

本书建立融合设备自身健康状况、系统运行状态、外部环境和历史数据的设备故障概率模型，在此模型基础上提出大停电事故风险评估及薄弱环节识别的方法，建立电网的薄弱节点及危险诱发因素集合，准确评估停电事故的风险。本书的研究具有重要的科研价值，将为主动识别电网薄弱环节和电网优化控制提供信息，为调度人员提供直观的决策支持，全面提升电力系统分析、预警及安全防御水平，在大停电仿真中采用更符合实际的停运概率模型提高大停电风险评估的准确性，提升停电事故发展趋势分析的可信性，为大电网安全稳定运行提供理论储备和技术保障。

本书适合电力系统运行与控制、规划和科学研究的人员以及高等院校电气工程等相关专业的研究生阅读和参考。

图书在版编目(CIP)数据

融合多种在线状态信息的设备故障概率分析与应用/易俊等著. —北京：科学出版社，2017.2

ISBN 978-7-03-051717-3

Ⅰ. ①融… Ⅱ. ①易… Ⅲ. ①电力设备-故障诊断-研究 Ⅳ. ①TM407

中国版本图书馆 CIP 数据核字(2017)第 018940 号

责任编辑：耿建业 武 洲／责任校对：郭瑞芝
责任印制：徐晓晨／封面设计：铭轩堂

科学出版社出版
北京东黄城根北街 16 号
邮政编码：100717
http://www.sciencep.com

北京京华虎彩彩印有限公司 印刷
科学出版社发行 各地新华书店经销

*

2017年2月第 一 版 开本：720×1000 1/16
2018年4月第二次印刷 印张：13
字数：265 000

定价：88.00 元
(如有印装质量问题，我社负责调换)

序

　　近些年来,频繁的停电事故造成了巨大的社会及经济损失。继 2003 年 8 月美国东部 8 个州以及加拿大的安大略省发生的大规模停电事故之后,2012 年 7 月 30 日和 31 日,印度北部电网接连发生了两次大停电事故,最大损失负荷约 48000 MW,最长停电时间长达 20 小时,影响人口超过 6 亿(约占印度总人口的 50％)。2013 年 8 月 28 日,巴西东北部 8 个州发生大面积停电,系统损失负荷 10900MW,累计 1600 万人受到停电影响。因此,保证电网安全、提高电网抵御故障的能力、降低大停电的风险已成为电力系统面临的迫切问题。

　　从多年来发生的停电事故过程来看,电力系统的状态恶化、风险增加是有一个发展过程的。及时发现电力系统运行风险并采取预防措施,是降低大停电事故发生的重要手段。随着电力系统分析和安全监控技术的不断完善,电力设备在线评估、电网安全薄弱环节识别以及运行风险评估技术越来越受到重视。

　　该书是 973 计划项目"提高大型互联电网运行可靠性的基础理论研究"第八子课题"大型互联电网在线运行可靠性的基础理论"后续深化研究。该书在融合多种在线因素设备故障概率模型、电网薄弱环节识别方法、评估停电事故故障传播路径和传播后果方面做出了一定的探索。愿该书的发行,能在电力系统抵御大停电风险的研究中起到承前启后的作用,并期待同行学者们进一步修正、改进和完善。

中国电力科学研究院　郭剑波

2016 年 10 月 28 日

前　　言

改革开放以来,我国电力工业取得了巨大的进步,2015 年我国电网装机容量达到 149000 万 kW,发电量达到 56184 亿 kW · h。近 10 年来我国建成了 1000kV 特高压交流,±800kV 特高压直流工程,进入了"特高压、大电网"时代。随着越来越多的大容量远距离输电工程及新能源的接入,保证大电网安全稳定运行的理论和实际应用具有重要的意义和极大的难度。

已有的大停电事故研究成果表明,停电事故的发生发展受电网内部、外部因素共同影响,且具有一定的发展模式,其中系统状态恶化、风险增加是有一个发展过程的。从电力系统停电事故的应对上看,是有可能在停电事故之初调整电网运行状态避免事故扩大的。但要想在电力系统运行阶段,对停电事故进行有效的阻断,需要确知电网所处环境及系统状态实时信息找到系统的薄弱环节,结合停电事故风险评估模型,发现潜在的故障元件和停电事故发展路径,并采取紧急控制策略。

传统电力系统元件停运概率虽然能够同时考虑故障发生的概率和后果,但其考虑的时间尺度较长,是元件长期运行的平均数据,主要应用于电力系统规划。但在电网实际运行中需要关注的系统未来短期内的可靠性水平,元件停运概率是随着元件自身健康状况、外部环境和系统运行状态变化的。只有建立起这些因素对元件停运概率影响的桥梁,才能将得到的停运概率数据应用于面向运行的系统风险评估和调度控制。

本书建立了融合设备自身健康状况、系统运行状态、外部环境和历史数据的设备故障概率模型,研究了基于此模型的大停电事故风险评估及薄弱环节识别方法和及基于电力系统状态信息及设备在线运行状态信息的电网运行风险评估技术。

本书是 2004 年设立的国家重点基础研究发展计划(973 计划)资助项目"提高大型互联电网运行可靠性的基础理论研究"第八子课题"大型互联电网在线运行可靠性的基础理论"后续研究,也是国家电网公司科技项目"融合在线状态信息的设备故障概率分析及电网薄弱环节识别方法研究"的研究成果。在研究过程中得到了中国电力科学研究院郭剑波院士的指导和帮助,他还对本书提出了修改意见。

作　者

2016 年 10 月 1 日

目　　录

第 1 章　绪　　论

1.1　研究背景

近年来国内外的大停电事故时有发生,造成了巨大的经济和社会损失,而且随着各国电网互联规模的扩大,停电事故的风险还在逐渐增加。2012 年 7 月 30 日和 31 日,印度北部电网接连发生了两次大停电事故,最大损失负荷约 48000 MW,最长停电时间长达 20 小时,影响人口超过 6 亿(占印度总人口约 50%)。2013 年 8 月 28 日,巴西东北部 8 个州发生大面积停电,系统损失负荷 10900MW,累计 1600 万人受到停电影响。随着电力需求的快速增长,我国电网将成为世界上规模最大、最复杂的电网之一,保障电网的安全运行极具迫切性[1]。

近年来电力工作者一直试图对电网发生停电事故的风险进行准确评估,从而有针对性的采取措施降低停电事故发生的概率和损失。已有的大停电事故研究成果表明,停电事故往往是从系统中某一个元件的故障开始,以连锁故障的形式传播并引起一系列的元件故障,最终导致电网大面积停电。电力系统的状态恶化、风险增加是有一个发展过程的。随着实时安全监控技术的不断完善,是有可能在电网遇到恶劣运行条件(停电事故之前)进行调整,在电网运行状态受到不利因素(停电事故之初)后采取措施的,这样就能够降低大停电事故发生的可能性。事故发展过程中电气设备的停运存在概率性因素,而且停运概率的大小对停电事故风险具有决定性的影响[2,3]。受限于研究水平,目前停电事故风险研究中元件停运概率[4]仅采用恒定的统计平均值。此统计平均值采集了以年为单位的事故发生次数,最终计算得到的停电风险损失值并不准确且很难真正得到应用。

在具有完善安全监控系统的基础上,达到电网实时可靠性评估的目的,其研究的关键点在于融合常规电力系统可靠性及各类系统运行过程中不确定性因素的影响,对系统实时运行过程中、特别是恶劣天气、故障状态和特殊运行方式下的可靠性进行评估,根据状态后果完善应对机制。如何建立可靠性各类因素条件相依的影响特性并将其综合考虑,是解决这一问题一直以来的瓶颈,也是电力工作者的重点研究方向。只有利用可信的运行可靠性数据进行连锁故障搜索及电网停电风险评估,获得的结果才有指导意义。因此本书把外部环境和系统状态的变化影响加入电力系统元件停运概率模型中,打通电力系统停电风险评估的瓶颈,建立设备运行状态与系统运行风险之间桥梁,在大停电仿真中采用更符合实际的停运概率模型提高大停电风险评估及停电事故发展趋势分析的准确性。

1.2　常规可靠性与运行可靠性

在设备停运概率方面,传统的可靠性研究中电力系统元件停运概率采用了停运发生的长期统计平均值,并建立了一系列电力系统设备充裕度和安全性的指标,在电网的常规可靠性评估、规划中得到了广泛的应用。

设备的运行可靠性研究中通常将影响电力系统设备停运概率的因素分为四类。

(1) 设备本身,如服役时间、制作工艺水平、部件老化程度、设备发热状况、绝缘完好状况等。

(2) 外界环境,如气温、风速、气候(日照强度、雨雪、洪水等)。

(3) 当前系统运行状态,如电压、电流、频率、运行方式、系统故障情况。

(4) 保护装置隐性故障和调度人员对设备的操作。

国内外已开展外部环境、系统运行状态对电力系统设备停运概率的影响研究。已开展的研究包括气温、风速等对输变电设备停运概率的影响,这些研究揭示了设备故障率是随环境条件和时间变化的,在随环境条件变化的元件停运概率研究中,已经建立了温度相依的线路老化失效模型、温度相依的变压器老化失效模型、天气相依的输电元件偶然失效模型[5]。在随运行条件变化的元件停运概率研究中,侧重于分析电气量(如线路潮流、系统频率、母线电压等)对元件停运概率的影响,已经建立的停运概率模型包括:基于传输功率的线路停运概率模型,基于频率、机端电压的发电机停运概率模型,基于频率、母线电压的负荷停运概率模型,电流相依的过负荷保护动作模型。

但以往的研究成果多聚焦于环境或系统运行等单一因素对停运概率的影响,概率模型相对简单,建立设备停运概率模型时未考虑设备自身状况、外部环境和系统运行状态三种因素的共同影响,各类概率模型也难以有机地融合起来,无法满足指导电网的运行和控制的需要。

在停电事故风险评估[6]和电网薄弱环节识别的研究方面,虽然已经提出了一些面向调度的模型和方法,但仍然没有考虑元件停运概率的条件相依特性,同样无法反映出实时运行条件变化对系统运行风险的影响,基于停电事故风险的控制决策研究也存在同样的问题。在利用复杂性理论、模式搜索等方法进行的电力系统连锁故障模拟中,虽然认识到大停电的过程往往是某一个或者几个元件故障引发多重元件故障而导致的大面积停电,但对于停电事故的起因和事故扩散过程中元件间的影响仅采用了一个简单的假设(即恒定的故障概率),基于此方法开展的大停电机理研究中对于电网薄弱环节识别和电网停电风险识别的结果不够准确[7]。

可靠性是元件或系统完成其预期功能的能力的度量,是元件或系统的固有特性。电力系统可靠性是可靠性理论在电力系统中的应用。电力系统可靠性是电力系统按可接受的质量标准和所需数量不间断地向电力用户供应电力和电能量能力的度量[8-10]。

自 20 世纪 30 年代,Lyman 和 Dean 等将概率统计理论应用于设备维修和备用容量确定等问题的研究以来,电力系统可靠性评估在概念、模型、算法、软件和工程应用方面取得了一系列成果,成功应用于电力系统规划设计和运行分析等领域。由于电力系统规模巨大、结构复杂,通常将其划分为若干子系统分别研究各子系统的可靠性,一般将电力系统可靠性研究分为三个层次。第一层(Hierarchical Level Ⅰ,HL Ⅰ)为发电系统可靠性评估,又叫电源可靠性评估。第二层(Hierarchical Level Ⅱ,HL Ⅱ)为发输电系统可靠性评估,又叫大电力系统可靠性评估或主网架可靠性评估,第二层在第一层上增加了输电系统可靠性评估。第三层(Hierarchical Level Ⅲ,HL Ⅲ)是包括发输配电系统在内的电力系统可靠性评估,在第二层的基础上增加发电厂变电所电气主接线和配电系统可靠性评估,由于问题的复杂性,目前只单独进行发电厂变电所电气主接线或配电系统可靠性评估。

发输电系统可靠性包括充裕度(adequacy)和安全性(security)两方面。充裕度是指发输电系统在系统内发、输、变电设备额定容量和电压波动容许限度内,考虑元件的计划和非计划停运以及运行约束条件下连续地向用户提供电力和电能量的能力。充裕度又称为静态可靠性,即在静态条件下,系统满足用户对电力和电能量需求的能力。安全性是指发输电系统经受住突然扰动并不间断地向用户提供电力和电量的能力,突然扰动是指突然短路或失去系统元件。安全性又称为动态可靠性,即在动态条件下,系统经受住突然扰动,并满足用户对电力和电能量需求的能力。

在发输电系统充裕度评估方面[11,12],评估方法主要由四部分构成,即元件可靠性建模、系统状态选择、系统状态分析和可靠性指标计算。

(1)元件可靠性建模。

电力系统元件如小容量发电机组、架空线路、电缆、变压器、电容器和电抗器等通常采用两状态(运行、停运)可修复模型,以强迫停运率(Forced Outage Rate,FOR)来表征元件的可靠性水平[13,14]。大容量机组通常采用多状态模型(全额运行、降额运行、停运)。同杆并架双回或双回以上的输电线可能遭受雷击等同种原因而同时停运,可采用多状态共模停运(common-mode failure)模型来表征。由于规划可靠性考虑的时间尺度较长,评估中所使用的元件状态概率均是以上 Markov 过程模型的稳态概率。

为了在评估中考虑老化失效的影响,通常使用正态分布和韦布尔(Weibull)分布来描述元件的老化过程。

天气状况是影响元件可靠性的重要因素,通常采用两状态(正常天气、恶劣天气)或者多状态模型来描述此类"故障聚集"(failure bunching)效应。

（2）系统状态选择。

元件状态的组合形成系统状态。系统状态选择算法主要分为解析法和模拟法两大类，解析法又称为状态枚举法(State Enumeration Method, SEM)，模拟法又称为蒙特卡罗模拟法(Monte Carlo Simulation, MCS)。

解析法的主要特点是可以采用较严格的数学模型和有效算法进行系统的可靠性计算，准确度较高。最常用的解析法为故障重数截止法，即枚举系统状态至某一指定的重叠故障数，如三重故障。如果系统非常可靠，如元件故障概率或者系统负荷水平较低，那么枚举法更加有效。但枚举法的计算量却随着故障重数的增加和系统规模的增大而急剧增加，因此穷举所有系统状态通常是不可能的。为了减少计算时间，提出了高效的故障筛选技术，如严重程度排序(contingency ranking)、状态空间截断(state space truncation)和快速排序法(Fast Sorting Technique, FST)等。尽管如此，枚举法选择的系统状态集合只是全状态空间的一部分。由于未选择的高重故障可能对可靠性指标具有不可忽略的贡献，所以计算出的可靠性指标始终小于待求的实际期望值，是实际值的下界。

蒙特卡罗模拟法有三种基本的抽样方法，即元件持续时间抽样法(state-duration sampling)、系统状态转移抽样法(system state transition sampling)和元件状态抽样法(state sampling)[15-17]。前者是一种蒙特卡罗时序模拟法(sequential simulation)，而后两者属于非时序蒙特卡罗模拟法(non-sequential simulation)。时序模拟法能够计及时序事件的影响，能够精确地模拟系统处于各状态的持续时间和状态间的转移频率。对于受季节、时间、天气等因素影响较大的水力发电、风力发电、太阳能发电等时变电源以及峰谷差异较大的时变负荷的电力系统可靠性评估，利用时序抽样法可建立更加符合实际的概率模型，计算结果的可信度高。然而与非时序模拟法相比，时序模拟法抽样效率低、收敛缓慢、内存占用严重。系统状态转移抽样法能够模拟元件故障状态的转移过程，但只适用于元件的状态持续时间均服从指数分布的情况。元件状态抽样法虽不能计算确切频率指标，但抽样程序简单，广泛用于大规模电力系统评估计算以及对计算速度要求较高的场合。与枚举法不同的是，模拟法计算出的指标是实际期望值的估计值而并非下界值。如果系统可靠性较低，如严重故障的概率相对较大，那么模拟法收敛速度较快，优势也更明显。在一定的精度要求下，模拟法的抽样次数与系统的规模和复杂度无关，因此特别适用于大型电力系统的快速评估计算。然而，模拟法的计算时间随着指标误差精度要求的提高而急剧增加，对于可靠性较高的系统尤其显著。为了加速模拟法的收敛，引入了方差减小技术，如控制变量法、分层抽样法、重点抽样法、对偶变量法、交叉熵法、自适应抽样法等。由于方差减小技术的效果依赖于某些先验信息，某一方差减小技术可能只对特定的系统或者运行方式有效，因此在可靠性评估中并未得到广泛的应用。

此外一些研究开发了新型算法以降低计算负担,如状态空间削减、基于智能学习算法的状态划分、并行计算、基于种群的智能搜索、马尔可夫链蒙特卡罗法等。尽管算法方面取得了较多的成果,但仍需开发新的算法以适应规模日益增大的电力系统在可靠性优化和在线可靠性评估等方面的应用需求。

(3) 系统状态分析。

系统状态分析即评估故障后系统的静态安全性,也即分析系统发电/负荷功率是否平衡,是否满足线路潮流、母线电压等运行安全约束,以及满足以上条件的最小切负荷代价。分析方法一般为系统潮流计算和切负荷计算[18,19]。

系统潮流分析一般采用直流潮流或交流潮流。直流潮流计算速度快,但无法考虑电压约束,使得可靠性评估结果偏乐观。交流潮流能够精确计算系统潮流分布,但在高重故障状态下可能会遇到收敛性问题。为了减少计算量,有的采用快速开断潮流计算代替常规的潮流计算。在充裕度评估中嵌入 BPA 潮流软件进行潮流计算,解决了潮流计算受系统规模限制和潮流计算模型适应能力较差的问题。

切负荷计算的计算量在充裕度评估中占很大比例。有的研究采用基于直流潮流的线性化优化方法进行切负荷计算,未能计及电压越限的校正。有的采用基于交流最优潮流的非线性优化方法,可以获得最优切负荷方案,但速度较慢。

以上的切负荷算法实际上是将故障后的电力系统划分为正常和失负荷两个状态。研究了电力系统健康性分析理论,在概率分析的基础上引入确定性的 $N-1$ 准则,将系统状态划分为健康(healthy)状态、临界(marginal)状态和风险(risk)状态,并计算系统处于这些状态的概率和频率指标。

(4) 可靠性指标计算。

可靠性指标可分为概率、频率和持续时间三类,对应所关注的物理量如线路潮流越限、节点电压越限、节点切负荷等可分别计算相应的指标。最常用的是切负荷指标,包括失负荷概率(loss of load probability,LOLP)、切负荷频率(expected frequency of load curtailments,EFLC)、切负荷持续时间(expected duration of load curtailments,EDLC)、负荷切除期望值(expected load curtailments,ELC)、电力不足期望值(expected demand not supplied,EDNS)、电量不足期望值(expected energy not supplied,EENS)等。

综上所述,常规可靠性评估理论主要应用于电力系统规划设计领域,能够反映系统长期运行的平均可靠性水平,为规划人员改进系统设计或扩建方案提供信息。但如果应用于实时运行评估,指导运行调度,还存在以下问题。

(1) 元件模型方面。常规可靠性评估反映系统长期运行的可靠性,元件可靠性参数采用长期统计平均值,没有考虑设备自身健康状况、外部环境、系统电气参数等运行条件对元件停运和系统可靠性的影响。

　　(2) 研究的时间尺度方面。常规可靠性评估研究的时间尺度是数年甚至数十年,元件和系统故障状态概率使用的是马尔可夫(Markov)过程的稳态概率,反映的是元件和系统长期运行的可靠性水平。而运行人员关注的是系统在未来数小时或数分钟内的短期可靠性,以便针对系统未来可能出现的运行风险制定应对措施。

　　(3) 计算速度方面。常规可靠性评估应用于离线规划分析,对计算速度要求不高。若要达到较高的精度,需要枚举或抽样大量系统状态,消耗大量计算时间。而运行人员需要在线获取可靠性指标和辅助决策,必须使用快速而精确的算法。

　　电力系统运行可靠性的定义是电力系统在实时运行方式和外界工作环境下,在短期能够持续满足系统运行约束和电力用户负荷需求的能力的度量。

　　运行可靠性评估的两个关键要素是"短期"和"运行条件"。运行可靠性考虑的时间尺度较短,通常为分钟或小时级,属于短期可靠性的研究范畴。但与常规短期可靠性评估不同的是,运行可靠性除了考虑时间相依的元件停运概率,还需考虑设备自身健康状况、外部环境、系统电气参数等运行条件对元件停运的影响。

　　短期可靠性评估中元件停运概率或状态概率都与考虑的时间尺度相关,通常采用 Markov 过程的瞬时概率或者泊松(Poisson)分布来表示。电力系统短期可靠性的研究较早可追溯到发电系统的运行备用概率风险评估,主要的方法有 PJM 法、频率及持续时间法、安全函数法等。PJM 法由美国 Pennsylvania-New Jersey-Maryland 互联系统于 1963 年提出,用于计算在故障的发电容量还不能被替换的时间(即前导时间)内,已投运的发电容量刚好满足或刚好不能满足期望负荷的概率。PJM 法用停运替代率(Outage Replacement Rate, ORR)这个与时间相关的机组停运概率来代替长期可靠性中使用的机组强迫停运率。PJM 法经过不断完善已能够考虑如下因素:负荷预测不确定性、机组降额状态出力、快速启动机组投运、热备用机组投运、机组的可延迟停运等。Singh 提出了短期可靠性评估的频率及持续时间法,可用于计算备用容量不足的频率及持续时间等指标。Patton 提出了安全函数法,该方法在概念上更为普遍,能够计及发电容量不足、失稳等各种系统故障形式。以上方法主要应用于发电系统的短期可靠性评估,然而忽略输电网约束的影响会造成可靠性指标的不准确,对输电容量不足的系统还可能导致完全相反的结论。由于涉及潮流计算、故障分析和校正控制等计算,发输电系统的短期可靠性评估比发电系统更加复杂和耗时。以上短期可靠性研究中,元件的可靠性参数如停运率或状态转移率都采用了长期统计数据平均值,忽略了运行条件对元件停运的影响,难以反映系统真实的运行可靠性水平。

　　电力系统运行可靠性的基本出发点是系统可靠性水平随运行条件的变化而变化;基础是元件的时变可靠性模型,即元件可靠性模型参数要反映系统运行条件的变化。有的研究认为应该考虑线路潮流、母线电压、系统频率等实时运行条件对元件停运概率的影响。以上研究成果主要集中在建立以运行条件为自变量的元件停运概率或停运率函数,却没有考虑到研究的时间尺度对元件停运的影响,难以反映系统在短期内的运行可靠性水平。

与确定性静态安全评估相比,运行可靠性评估最大的特点在于应用概率理论综合考虑了故障发生的可能性以及严重性,使得评估结果更加科学合理。

与常规可靠性评估相比,运行可靠性评估具有如下主要不同点:①研究目的不同,常规可靠性评估为系统规划人员提供决策依据,以帮助他们决定如何加强电网建设;运行可靠性评估为运行人员提供决策依据,以帮助他们决定如何改变系统的运行方式;②研究的时间尺度不同,常规可靠性评估研究系统在长期运行条件下的可靠性水平,考虑的时间尺度为数年甚至数十年;运行可靠性研究系统在短期内的可靠性水平,时间尺度为数小时或数分钟;③应用场景不同,常规可靠性评估主要应用于离线评估,而运行可靠性评估主要应用于在线评估,因此后者更需要计算的快速性;④元件可靠性模型不同,常规可靠性评估中使用的元件停运率是长期统计的平均值,元件停运概率是平稳状态概率;运行可靠性评估中使用的元件模型考虑了运行条件的影响,元件停运率会随运行条件的变化而改变,且元件停运概率是瞬时状态概率。

与基于风险的静态安全评估相比,运行可靠性评估具有如下主要不同点:①故障的不确定模型不同,基于风险的静态安全评估中元件停运率采用长期统计平均值,不能反映运行条件变化对运行风险的影响;运行可靠性评估中元件停运率随运行条件的变化而变化,能够反映运行条件对系统可靠性的影响;②严重程度的表征方法不同,基于风险的静态安全评估的故障后果分析部分直接使用自定义的线性函数度量故障的严重程度;运行可靠性评估的后果分析模拟实际运行调度操作,采用负荷损失量度量故障后果的严重程度,物理意义明确,更加便于进行可靠性成本效益分析。

目前运行可靠性的研究尚处于起步阶段,已有的研究在元件模型、评估算法和指标体系等方面取得了一些成果,但仍存在一些关键问题需要深入研究。

(1) 元件可靠性模型考虑的运行条件不够全面。目前已建立的模型中,元件的停运概率或停运率主要由系统运行的电气参数(如线路潮流、母线电压、系统频率等)来确定,未考虑外部环境和设备自身健康状况的影响。电力系统绝大部分输电元件是暴露在室外的,天气状况、环境温度、风速、风向、日照等因素是导致输电元件停运的重要原因,此外元件的服役时间也是元件发生老化失效的重要因素,都应当加以考虑。

(2) 元件时间相依和运行条件相依的模型缺乏有机统一。已有的元件可靠性模型中处理"短期"和"运行条件"这两个要素的方法相对独立,即一方面建立以运行条件为自变量的停运概率或停运率函数,而另一方面又采用 Markov 模型计算元件时间相依的瞬时状态概率。但实际上,研究的时间尺度和运行条件是互相耦合的,例如,元件的老化过程具有累积效应,过去(服役时间)和未来(预测时间)的运行条件变化都会对元件老化失效造成影响。因此需要研究条件相依的元件短期可靠性模型。

(3) 评估算法的速度和精度有待进一步提高。运行可靠性理论的实际应用中,不仅需要在线计算出运行可靠性指标,还需要据此计算辅助决策,所以对评估算法的快速性和精确性要求较高。解析法和模拟法这两类主要的可靠性评估算法在处理不同问题时各有所短,实时变化的电力系统会影响其计算效率,因此还需要进一步开发快速、精确的算法。

(4) 运行可靠性评估提供了描述系统运行可靠性水平的指标,但如何利用这些指标指导电网的运行和控制的研究尚属空白。

1.3　隐性故障及薄弱环节识别技术

继电保护的隐性故障是连锁过程会继续发展并迅速扩大的重要推动因素。继电保护隐性故障是保护装置的永久性缺陷,由系统其他跳闸事件触发装置的不正确动作[20,21]。保护的隐性故障将取决于以下两个因素。

(1) 保护元件功能缺陷(PEFD)。该类缺陷可能是硬件故障、过期的整定或人为错误。

(2) 功能缺陷装置的逻辑设置。该逻辑设置情况将决定装置的功能缺陷是否可由其他事件引发隐性故障。

由于电力系统中保护装置多种多样,其隐性故障的缺陷原因也各不相同,存在潜在的多种可能,且需要由系统故障等其他事件引发,现在还没有有效地获得其相关信息的途径,要建立基于其机理的数学模型难度很大,而概率理论提供了一种方法来概括知识的不确定性,可以较好地给出隐性故障多种原因的数学描述。

研究表明,电力系统面临的主要停电风险与连锁故障的发生发展密切相关,因而连锁故障的相关研究已得到各国政府和学者的普遍重视,并成为电力领域的一个热点研究课题。在美国,由国防部和美国电科院联合资助完成的复杂交互网络/系统创新(Complex Interactive Networks/System Initiative)项目,提出了以全局广域向量测量和分析为基础的实时智能控制系统,即电力系统战略防御系统(Strategic Power Infrastructure Defense,SPID),以防范连锁故障导致的全局灾难性大停电事故。美国能源部和国家科学基金资助的CERTS(Consortium for E-lectric Reliability Technology Solutions)项目,应用复杂系统相关理论并结合电力系统特点对电力传输系统的大范围停电和连锁故障进行了研究。

各国学者开展的连锁故障研究主要包括以下一些内容:基于电力系统计算模型的连锁故障过程模拟及其计算分析方法的研究;基于复杂网络理论的连锁故障

发生机理的建模研究;继电保护隐性故障对于连锁故障的影响及电网安全分析等。另外,要对连锁故障大停电进行有效的防控,还需要对连锁过程中的具体故障进行快速诊断,需要有能够适用于连锁故障复杂环境下的有效的故障信息处理及诊断方法。

在连锁故障的研究成果中已经发展出了很多种模型,对于连锁故障的研究方向主要有两种:①模拟连锁过程中的一些实际特点,借助采样或概率等手段研究连锁故障的全局规律性结论,在这一类研究中,对于给定的或随机采样的故障前系统状态,必须模拟所有可能发生的故障模式和后果,产生全局性、系统性的连锁故障评估结果;②借助连锁过程中的稳态潮流计算和暂态过程的稳定分析手段,研究特定扰动下的系统后续故障模式分析计算方法。通过第一种研究,可以得到系统连锁故障的全局性的评估信息,多适用于离线应用。而第二种研究可以用来帮助确定在特定扰动条件下的连锁故障发展情况,对于连锁故障的在线防控具有现实意义。

连锁故障模型已有的研究成果如下。

(1) OPA 模型。

OPA 模型是由美国橡树岭国家实验室(ORNL)、Wisconsin 大学电力系统工程研究中心(PSERC)和 Alaska 大学的研究人员共同提出的。该模型的核心是以研究负荷变化为基础,探讨输电系统系列大停电的全局动力学行为特征。模型涵盖了慢速和快速两个时间量程,并引入了具有自组织特性的沙堆模型对电力系统进行模拟。慢速时间量程描述几天到几年的时间段内,负荷增长和系统供电能力提高之间的动态平衡过程;快速时间量程描述几分钟到几小时的时间段内线路连锁过负荷和连锁故障的大停电过程[22,23]。

该模型的基本思想是,负荷增长导致线路过载和断电,对过载和断电线路的改造导致系统容量增加,从而可以减少线路过载和断电的概率。各种规模的停电事故就是在这两种相反力量的动态平衡过程中发生的。该方法的目标是建立表达电力系统自组织临界(Self-Organized Criticality,SOC)过程的模型,从而指导输电网网架的增强以最大限度地避免连锁故障停电事故的发生。并应用某一树形结构的理想电网模型对电网在连锁故障中的动态演化过程进行了仿真模拟,发现各连锁故障时间间隔的概率密度函数(Probability Density Function,PDF)呈指数下降规律,而连锁故障规模(由连锁故障中过负荷线路总数或甩负荷总量来衡量)的PDF 则呈代数下降规律。

但 OPA 模型的缺陷在于:电网的控制是通过模型中很少的几个参数实现的;模型参数与实际系统参数的对应关系不明晰;未能揭示模型所体现出的自组织特性与电网规划、运行和控制之间的关系原则等。

(2) Cascade 模型。

Cascade 连锁故障模型的基本思想是：假设有 n 条线路带有随机初始负荷,初始扰动 d 使得某一个或某一些元件发生故障,这些故障元件所带的负荷根据一定的负荷分配原则转移到其他所有无故障元件上,从而形成网络的连锁故障。

与 OPA 模型相比,Cascade 模型没有潮流计算和优化调度,但是抽象出了连锁故障的显著特征,即线路过载跳闸和负荷转移,造成进一步的过载跳闸,形成连锁过程。因此 Cascade 模型可对包含传输线和发电机连锁故障的大规模停电事故进行定性模拟和分析。但是 Cascade 模型也存在明显不足：模型假设传输线及其相互作用均相同;过负荷情况下负荷的再分配没有考虑网络结构;没有体现出发电侧变化和故障的情况等。

（3）Holme 和 Kim 的相隔中心性模型。

Holme 和 Kim 的模型关注的是网络演化所导致的过负荷。它的一个基本假设是任意两节点之间的信息或能量交换都通过最短路径进行,这个假设也被许多其他的基于复杂网络理论的连锁故障模型广泛采用。模型定义了相隔中心性(betweenness centrality)的概念并用它来确定网络中的节点和边的负荷及容量。

（4）Motter 与 Lai 模型。

与 Holme 和 Kim 的相隔中心性模型相同,Motter 和 Lai 的模型也采用了通过某节点的最短路径的总数目来定义节点负荷,Motter 和 Lai 的模型与 Holme 和 Kim 的相隔中心性模型计算故障连锁的方法也基本相同,但 Motter 和 Lai 的模型为各节点假设了不同的节点容量,同时当节点过负荷时,该节点会从网络中永久删除。此外,Motter 和 Lai 认为连锁故障发生的时间与网络生长时间相比并不处于同一个数量级上,因此在计算连锁故障时不考虑网络生长。

Motter 与 Lai 利用该模型对美国西部电网进行了连锁故障仿真,结果表明当网络中的节点随机遭到攻击或网络中度数最大的节点遭到攻击时,系统性能受到的影响并不大,但当网络中负荷最大的节点受到针对性攻击时,最大连通网络的规模可减少一半以上,即使对网络耐受性很强的情况也如此。

（5）Crucitti 和 Latora 的有效性能模型。

Crucitti 和 Latora 的有效性能模型将传输性能的概念引入了网络。具体计算时,初始故障引发的节点移除会改变节点之间的最有效路径,从而改变负荷分配,导致一些节点过负荷。与这些过负荷节点相连的所有的边的有效性能值将会下降,从而导致通过这个节点的所有最有效路径的有效性能值下降,如果这些原来的最有效路径的有效性能值下降到低于其他的路径,负荷就会选择其他有效性能值更高的路径传播,从而导致负荷的重新分配,进而造成故障的连锁。

有 N 个节点的网络 G 的有效性可描述为

$$E(G) = \frac{1}{N(N-1)} \sum_{i \neq j \in G} \frac{1}{t_{ij}}$$

式中，t_{ij} 表示节点 i 和 j 之间传递信息经过的节点数量。

Crucitti 和 Latora 的有效性能模型的特点在于：当网络为非连通网络时，利用有效性能的概念同样可以评价这个网络的性能（此时任意两个子网络之间的节点间的有效性能值为 0）；当负荷节点过负荷时，该节点并不会从网络中移除，而仅仅是传输负荷的能力下降，这时许多负荷会选择其他路径传输。如果以后这些节点的负荷降到额定值以下，它们将会有可能重新接入网络而再次正常工作。这比较符合 Internet 等网络中的实际情况。

Crucitti 和 Latora 应用有效性能模型对美国西部电网（节点数为 4941，边数为 6592）进行了连锁故障仿真，得出了与 Motter 与 Lai 模型类似的结果。

（6）Manchester 模型。

Manchester 模型是英国 Manchester 大学的 Nedic、Kirschen 和美国 Wisconsin 大学的 Dobson 等于 2005 年提出的[24]。这个模型以交流潮流计算为基础，综合考虑了包括暂态稳定、电压稳定、低频减载、低压减载、保护隐藏故障在内的各种与连锁故障发展相关的因素，同时还假设调度员有足够的时间（并且对系统状况有充分了解）执行切负载操作，因此整个模拟过程相对比较复杂，计算耗时比较大。

Nedic 等利用 Manchester 模型分析了总负载率对系统发生连锁故障的影响，结果表明存在一个临界负载率，当系统的负载率达到这个值时，系统发生连锁故障造成的损失将会突然迅速增加。这个结果与其他模型得出的结论是相同的。

（7）暂态稳定、交流潮流交替求解模型。

我国电力研究工作者李生虎、丁明等提出了交替求解暂态稳定和交流潮流的方法搜索可能的连锁故障模式。该模型将解析法和概率法结合起来，首先由人工指定原始单重故障元件，然后用蒙特卡罗法抽样确定故障参数和保护的动作情况。在这些初始条件确定后，模型开始仿真计算系统的暂态过程。

在暂态过程持续了数秒后，如果系统仍然保持暂态稳定，那么暂态稳定计算程序自动中止，同时以此时发电机和负荷的有功、无功值作为注入量进行潮流计算。得到结果后检查是否有线路过载，如果有则模拟过负荷保护动作，然后将过负荷保护动作前的潮流计算结果作为暂稳计算的初始条件，再次执行暂稳计算。如此往复一直到没有线路过载或系统失去稳定。

很明显，这个模型实质上是现有的动态安全分析（Dynamic Stability Assessment，DSA）的纵向延伸。由于在每一种连锁故障模式下，模型都要计算多次暂态稳定和交流潮流，同时每次暂态稳定计算都必须延续到系统振荡基本结束（中间不能用判据判定系统稳定，因为每次暂稳计算结束时的系统状态都将作为潮流计算的输入值），所以这个模型完整计算一次所需的时间肯定比动态安全分析还要多得多。

1.4　电网运行风险评估技术

电力系统领域中"风险"一词的概念较早可见于发电系统的可靠性评估,指的是系统容量不能满足负荷的概率。但在后续的研究中,"风险"逐渐被赋予新的含义——风险是事件发生的可能性及其导致的后果的综合度量。在电力系统的风险评估方面,Vittal 和 McCalley 等做出了许多开拓性的成果,如架空线的风险评估、变压器的风险评估、电压安全风险评估、暂态稳定风险评估、基于风险的静态安全评估等。目前,国内外研究得较多的是基于风险的静态安全评估,在线风险评估基于自定义的严重程度函数,计算出了线路过负荷、连锁过负荷、低电压和电压失稳的风险指标,进一步能够进行概率充分性和稳定性的风险评估。

计算风险指标的基本关系式为

$$\text{Risk}(X_{t,f}) = \sum_i \text{Pr}(E_i) \times \left(\sum_j \text{Pr}(X_{t,j} \mid X_{t,f}) \times \text{Sev}(E_i, X_{t,j}) \right)$$

式中,$X_{t,f}$ 为 t 时刻的运行方式;$X_{t,j}$ 为 t 时刻第 j 个可能的负荷水平;$\text{Pr}(X_{t,j} \mid X_{t,f})$ 为在运行方式 $X_{t,f}$ 下出现负荷水平 $X_{t,j}$ 的概率;E_i 为第 i 个故障状态;$\text{Pr}(E_i)$ 为 E_i 在下个时间段 t 内发生的概率;$\text{Sev}(E_i, X_{t,j})$ 为负荷水平 $X_{t,j}$ 下发生故障 E_i 的严重程度。

从这个基本的关系式可看出基于风险的静态安全评估有两大关键模型。

(1) 表征不确定性的模型。

这里的不确定性主要是指元件停运和运行工况的不确定性。

通常使用 Poisson 分布来表示未来 t 时间内故障事件发生的概率,继承了面向规划的传统可靠性方法,使用 Markov 过程的稳态状态概率来描述故障发生的不确定性。由于基于风险的静态安全评估关注的是系统短期的风险,考虑的时间框架为分钟、小时、天、周、月级,故前者的故障不确定性模型更加合理。

还定义了一些运行参数来描述未来一段时间内系统工况的不确定性,包括负荷母线中的负荷分配因子、负荷潮流因子、发电机参与因子等,并假设它们服从多维正态分布,可以用线性化技术来计算给定故障 E_i 下的风险指标。

(2) 表征故障严重程度的模型。

目前的风险评估研究多采用自定义的严重程度函数。风险评估中定义严重程度函数应该遵循几个原则:①不应涉及故障后调度操作过程;②易于被调度员理解;③应与确定性准则相联系;④表达式应当直观简洁;⑤能反映不同问题的特征;⑥能反映元件越限的严重程度。一些研究根据这些原则提出了一系列简单的线性函数来描述线路潮流过负荷、母线电压过低等故障后果的严重程度,并可计算出各条线路的过负荷风险、各条母线的低电压风险等风险指标,再将这些元件级的风险指标相加即得到系统过负荷、系统低电压等各类系统级风险指标。

综上所述,基于风险的静态安全评估具有如下特点:①综合考虑了在未来的不确定的运行条件下故障发生的概率和严重程度,能够反映系统短期运行的风险;②风险指标按故障后果的类型分别度量系统的运行风险,如线路过负荷风险、电压越限风险等,指标简洁直观,易于被运行人员接受;③风险评估的严重程度以自定义的线性函数表征,不依赖于预先设定的调度策略。

基于风险的静态安全评估仍然存在以下不足。

(1)与常规可靠性评估一样,没有考虑设备自身健康状况、外部环境、系统电气参数等运行条件对元件停运和系统风险的影响。

(2)常规可靠性以负荷损失来度量故障状态的后果严重性程度,计算出的指标具备明确的物理意义;而基于风险的静态安全评估以假设的线性函数度量故障状态的后果严重性程度,导致计算出的指标没有实际物理意义。

(3)风险指标虽然具有简洁直观的特点,但线性函数难以真实表征元件越限对系统供电连续性的影响,因此计算出的指标不能如实表征用户停电风险。对此,有的文献认为计及停电损失的期望电量不足(EENS)指标才是最好的系统风险指示器。

1.5　物联网与在线监测技术

物联网是一个实现电网基础设施、人员及所在环境识别、感知、互连与控制的网络系统。其实质是实现各种信息传感设备与通信信息资源的(互联网、电信网甚至电力通信专网)结合,从而形成具有自我标识、感知和智能处理的物理实体。实体之间的协同和互动,使得有关物体相互感知和反馈控制,形成一个更加智能的电力生产、生活体系[25,26]。

近年来,物联网技术有了长足的进步。物联网技术能通过信息传感设备实时采集需要监控、连接、互动的物品,利用互联网传递声、光、热、电、力学、化学、生物、位置等信息,实现物与物、物与人的连接。在电力系统中能实现各类电力设备信息的智能化识别、定位、追踪和监控,在智能变电站的运行管理和电动汽车充电设施的数据采集和能效管理中已经得到了应用。

随着我国电力系统设备在线监测技术的发展,提升了电网运行环节设备信息的感知深度和广度,实现了一次、二次设备测量、控制、监测、计量、保护等功能的融合和信息共享。实测的电气信息及环境信息(如电压、电流、温度、湿度、风速等)能够达到实时上传,设备的停运概率也能得到实时更新,为融合设备的运行状态、健康程度、外部环境条件和系统实时运行环境等信息提供了平台,这也是本研究方向的前提条件。

在枢纽变电站的一次设备加装状态监测系统,可实现对变压器、断路器、避雷器、直流系统的特征量监测,并利用一次设备状态监测与故障分析系统,预先判定一次设备的故障征兆,然后由人工根据诊断结果制订检修计划,以便在设备发生故障前就能及时排除隐患,避免不必要的停电检修,降低设备维护成本,提高设备运行的经济性和稳定性,从传统的定期检修逐渐向状态检修过渡;通过状态监测技术的实施,为后期变电站状态监测改造和状态检修的全面开展积累经验,再逐步探索先进的状态检修管理模式,并通过管理模式的不断完善,最终建立科学的状态检修管理体系。监测的主要内容是在变压器上开展目前较为成熟的油色谱在线状态监测、变压器的绝缘状态监测,以及变压器分接开关在线滤油技术的应用;另外还有在断路器上开展目前较为成熟的 SF6 气体在线监测、断路器机械特性的监测;在避雷器上开展电流状态监测;在直流系统上开展在线监测技术的应用。按照信息统一集中的原则,应在被监测的设备处就近安装智能组件,以将监测到的设备状态信号通过网络分别传送到监测服务器和当地监控系统。然后再对传送至监测服务器中的设备状态信息进行初步分析,供检修人员参考;对传送至当地监控系统的设备状态信息,则通过通信系统传送至调度中心,由检修人员在当地或远方进行设备风险评估,并根据评估结果制订检修计划。

1.6　本书章节设置及其说明

结合电力系统特点及 973 计划项目"提高大型互联电网运行可靠性的基础理论研究"和国家电网公司科技项目"融合在线状态信息的设备故障概率分析及电网薄弱环节识别方法研究"的研究目标,本书建立了融合设备自身健康状况、系统运行状态、外部环境和历史数据的设备故障概率模型,基于此模型的大停电事故风险评估及薄弱环节识别的方法,能够建立电网的薄弱节点及危险诱发因素集合,准确评估停电事故的风险、故障传播路径和传播后果,并快速发现事故的可能路径,发出预警及阻断事故传播,对于减小大停电事故的风险、提高系统稳定性具有重要意义。本书的研究成果将为主动识别电网薄弱环节和电网优化控制提供信息,为调度人员提供直观的决策支持,全面提升电力系统分析、预警及安全防御水平,为大电网安全稳定运行提供理论储备和技术保障。

本书共包括 5 章。

第 1 章绪论,主要介绍融合在线状态信息的设备故障概率分析的现状。

第 2 章主要介绍电力设备故障概率在线评估方法和模型,包括单一因素影响下的设备停运概率模型和融合自身健康状况、外部环境和系统运行条件的设备停运概率数学模型。

第 3 章主要介绍基于电力设备隐性故障概率评估的电网安全薄弱环节识别及

预警技术。

第 4 章主要介绍基于系统状态信息及设备在线运行状态信息的电网运行风险评估技术。

第 5 章结论,总结本书的成果。

第2章 电力设备故障概率在线评估方法和模型研究

在本书提出的综合电力系统设备停运模型中,电力设备故障概率采集能量管理系统(energy management system,EMS)、管理信息系统(management information system,MIS)和地理信息系统(geographic information system,GIS)的数据,通过整理后获得电力系统的状态参数、设备寿命和气象数据并且录入运行条件停运模型和环境影响因素模型,再根据设备的历史可靠性数据和设备在线监测数据进行数据融合获得更为准确的停运概率,如图2-1所示。

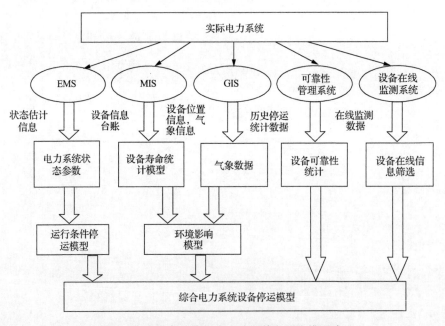

图2-1 电力设备故障概率在线评估方法和模型建立

在过去的研究中,电力系统常规可靠性、运行可靠性理论和工程应用为本书提供了可借鉴的研究思路。通过对前期研究的总结,电力系统设备停运概率存在以下难点。

(1)电力系统设备停运概率模型缺少长期统计数据的支撑。受到设备自身健康状况、系统的外部环境条件和系统运行状态条件的影响,设备停运数据的储备和保存不够,各条件因素与设备停运事件缺乏完整的数据库备份。

（2）影响停运概率模型各类因素的关键参数筛选。影响停运概率模型的因素涉及大量的参数,筛选出最重要的影响参数是建立综合模型的基础。

（3）停运概率建模中多种因素的融合方法。把多种停运概率模型有机地结合起来,满足实用的要求是研究方向的难点。

2.1　电力系统传统停运概率模型

传统电力系统元件停运概率虽然能够同时考虑故障发生的概率和后果,但其考虑的时间尺度较长（数年）,是元件长期运行的平均数据,主要应用于电力系统规划。但在电网实际运行调度中,人们所关注的是系统未来短期内的可靠性水平,元件停运概率是随着元件自身健康状况、外部环境和系统运行状态变化的,即使在有效寿命期也并不是固定值。只有全面考虑这些因素元件停运的影响,才能将得到的停运概率数据应用于面向运行的系统风险评估和调度控制。

在电力系统规划中,常采用恒定的设备故障率来计算系统中长期的可靠性水平,因为这个长期统计平均值是设备长期运行情况的反映,然而恒定的平均故障率无法描述历史运行条件和未来运行条件对设备停运风险和系统运行可靠性的影响。目前元件运行可靠性建模方面的研究虽然考虑了一些运行条件,如线路电流、母线电压对元件停运概率的影响,但仍然存在如下问题。

（1）传统元件可靠性模型考虑的外部环境和系统方面因素不够全面。

（2）元件时间相依的和运行条件相依的模型缺乏有机统一。

（3）时间相依的老化模型是个长时间尺度,而外部环境和系统运行条件变化很快。

在常规的电力系统可靠性评估理论中元件的故障率等可靠性参数取恒定值（基于长期数据统计的均值）,并未考虑不同元件之间健康状况的差异性以及外部环境、运行条件对元件停运概率带来的影响,无法进一步评估电网实时运行状态下的短期可靠性。停运模型如图 2-2 所示。

从可靠性观点看,元件可以分为可修复元件和不可修复元件两大类。如果元件使用一段时间后发生故障,经过修理就能再次恢复到原来的工作状态,这种元件称为可修复元件（repairable component）;如果元件工作一段时间后发生了故障不能修复,或虽能修复,但很不经济,这种元件称为不可修复元件（non-repairable component）。由元件组成的系统也可以分为两大类,即可修复

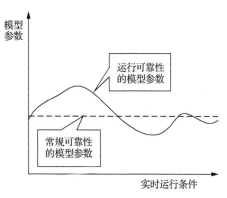

图 2-2　可靠性停运模型

系统(repairable system)和不可修复系统(non-repairable system)。如果系统使用一段时间以后发生故障,经过修复能再次恢复到原来的工作状态,这种系统称为可修复系统;如果系统发生故障后,无法修复或无法恢复到原来的工作状态或这种修复很不经济,就称这种系统为不可修复系统。电力系统属于可修复系统。

2.1.1　不可修复元件的可靠性

1. 概率描述

不可修复元件可靠性的一个重要指标,是元件从投入使用到首次故障所经历的时间,称为元件的寿命(life)。一个元件的寿命和许多因素有关,如所使用的材料、加工工艺、装配过程以及工作环境等。元件的寿命 T 是一个非负的连续型随机变量,服从一定的概率分布。T 的累积分布函数定义为

$$F(t) = P(T \leqslant t) \tag{2-1}$$

其中,t 为在规定条件下元件执行其规定功能的时间。

其概率密度函数定义为

$$f(t) = \lim_{\Delta t \to 0} \frac{1}{\Delta t} P(t < T \leqslant t + \Delta t) \tag{2-2}$$

它表示元件的寿命 T 落在时间间隔 $[t, t+\Delta t]$ 内当 $\Delta t \to \infty$ 时出现的概率值。

以上两个函数由以下两个方程联系,即

$$F(t) = \int_0^t f(\tau) \mathrm{d}\tau \tag{2-3}$$

$$f(t) = \frac{\mathrm{d}F(t)}{\mathrm{d}t} \tag{2-4}$$

一个元件的可靠性,是指一个元件在规定的时间内,在规定的条件下能执行规定功能的能力。这一术语也可以用来作为可靠性的特性指标,称为可靠度,表示元件能执行规定功能的概率。可靠度记为 $R(t)$,就是在给定环境条件下时刻 t 前元件不失效的概率,它可以用下式表示,即

$$R(t) = P(T > t) \tag{2-5}$$

$R(t)$ 是 t 的函数,又称可靠度函数(reliability function),与累积概率分布函数的关系为

$$R(t) = 1 - F(t) \tag{2-6}$$

根据累积概率分布函数的性质,$R(t)$ 的值应处于 0 和 1 之间。当元件开始使用时,完全可靠,故 $t=0, R(0)=1$;当元件工作到无穷长时间之后,完全损坏,故

$t=\infty, R(\infty)=0$。$F(t)$ 又可解释为元件损坏程度,称为元件的故障函数或不可靠函数。并且 $t=0, F(0)=0$;$t=\infty, F(\infty)=1$。

元件寿命分布函数能够完整地描述元件寿命的统计性质。但在许多实际问题的应用中,要直接得到这些分布函数常常是很不容易的。另一个常用的描述元件可靠性的函数是故障率函数(failure rate function)$\lambda(t)$,其定义为:元件在 t 时刻以前正常工作,t 时刻后单位时间发生故障的条件概率密度,即

$$\lambda(t) = \lim_{\Delta t \to 0} \frac{1}{\Delta t} P(t < T \leqslant t + \Delta t \mid T > t) \tag{2-7}$$

根据条件概率的基本公式,有

$$P(t < T \leqslant t + \Delta t \mid T > t) = \frac{P\left[(t < T \leqslant t + \Delta t) \bigcap (T > t)\right]}{P(T > t)}$$

$$= \frac{P(t < T \leqslant t + \Delta t)}{P(T > t)} = \frac{f(t)\Delta t}{R(t)} + o(\Delta t) \tag{2-8}$$

得

$$\lambda(t) = \frac{f(t)}{R(t)} = \frac{f(t)}{1 - F(t)} \tag{2-9}$$

因为 $\dfrac{\mathrm{d}}{\mathrm{d}t}\ln R(t) = \dfrac{R'(t)}{R(t)} = -\dfrac{f(t)}{R(t)}$,$\lambda(t)$ 可表达为

$$\lambda(t) = -\frac{\mathrm{d}}{\mathrm{d}t}\ln R(t) \tag{2-10}$$

由式(2-10)可得

$$R(t) = \mathrm{e}^{-\int_0^t \lambda(\tau)\mathrm{d}\tau} \tag{2-11}$$

$$F(t) = 1 - \mathrm{e}^{-\int_0^t \lambda(\tau)\mathrm{d}\tau} \tag{2-12}$$

$$f(t) = \lambda(t)\mathrm{e}^{-\int_0^t \lambda(\tau)\mathrm{d}\tau} \tag{2-13}$$

从以上推导可以看到,事件 $t < T \leqslant t + \Delta t$ 比事件 $t < T \leqslant t + \Delta t \mid T > t$ 更苛刻,即

$$P(t < T \leqslant t + \Delta t) \leqslant P(t < T \leqslant t + \Delta t \mid T > t) \tag{2-14}$$

不可修复元件的另一个常用的可靠性指标是平均无故障工作时间(Mean Time To Failure,MTTF),它是寿命 T 的数学期望值,即

$$\mathrm{MTTF} = \int_0^\infty t f(t)\mathrm{d}t = -\int_0^\infty t \mathrm{d}R(t)$$

$$= -t R(t)\Big|_0^\infty + \int_0^\infty R(t)\mathrm{d}t \tag{2-15}$$

因为 $R(0)=1,R(\infty)=0$,所以式(2-15)中第一项等于 0,故可得

$$\mathrm{MTTF} = \int_0^\infty R(t)\mathrm{d}t \tag{2-16}$$

若一个元件的故障率是常数,即 $\lambda(t)=\lambda$,那么

$$R(t) = \mathrm{e}^{-\lambda t} \tag{2-17}$$

$$F(t) = 1 - \mathrm{e}^{-\lambda t} \tag{2-18}$$

$$f(t) = \lambda\mathrm{e}^{-\lambda t} \tag{2-19}$$

$$\mathrm{MTTF} = \int_0^\infty \mathrm{e}^{-\lambda t}\mathrm{d}t = \frac{1}{\lambda} \tag{2-20}$$

即一个元件的故障率是恒定的,那么它的寿命服从指数分布。反之,若已知元件的寿命分布为指数分布,则其故障率必然是常数。我们也可以从另一个角度来理解指数分布的特性。若随机变量 T 服从指数分布,那么有如下关系:

$$P(T>s+t \mid T>s) = \frac{P[(T>s+t)\bigcap(T>s)]}{P(T>s)}$$

$$= \frac{P(T>s+t)}{P(T>s)} = \frac{\mathrm{e}^{-\lambda(s+t)}}{\mathrm{e}^{-\lambda s}} = P(T>t) \tag{2-21}$$

式(2-21)表明,如果一个元件的寿命服从指数分布,那么元件在 s 以前可靠工作的条件下,在 $s+t$ 期间仍然正常工作的概率等于元件在时刻 t 正常工作的概率,而与过去的工作时间 s 无关,这种特点称为"无记忆性",只有指数分布具有这种特点。

2. 统计描述

元件的故障模型的建立通常是以寿命试验和故障率数据为基础的。虽然某些情况下可在故障机理的基础上建立模型,但程序很困难,需要大量的研究和分析。

假定 N_0 个相同元件在 $t=0$ 时投入运行,随着时间的推移,有些元件将发生故障。记 $N_S(t)$ 为 t 时刻完好的元件个数,那么已故障的元件个数 $N_f(t)$ 为

$$N_f(t) = N_0 - N_S(t) \tag{2-22}$$

故障密度函数可定义为在时段 Δt_i 里故障元件与初始子样之比,再除以时段 Δt_i,即

$$f(t) = \frac{N_S(t_i) - N_S(t_i+\Delta t_i)}{\Delta t_i \cdot N_0}, \quad t_i < t \leqslant t_i+\Delta t_i \tag{2-23}$$

故障率函数可定义为在时段 Δt_i 里故障元件与 Δt_i 之前完好的元件之比,再除

以时段 Δt_i，即

$$\lambda(t) = \frac{N_S(t_i) - N_S(t_i + \Delta t_i)}{\Delta t_i \cdot N_S(t_i)}, \quad t_i < t \leqslant t_i + \Delta t_i \tag{2-24}$$

式(2-23)和式(2-24)中，t_i 和 Δt_i 的选择是无限制的，故障发生在 Δt_i 结束之前。

从以上定义可看出，故障密度函数 $f(t)$ 是对元件发生故障的总速度的度量，$\lambda(t)$ 是对故障的瞬时速度的度量。

元件的可靠度函数可定义为时刻 t 尚完好的元件数与起始元件数之比，即

$$R(t) = \frac{N_0 - N_f(t)}{N_0} \tag{2-25}$$

元件的故障函数或不可靠函数为

$$F(t) = 1 - R(t) = \frac{N_f(t)}{N_0} \tag{2-26}$$

故障密度函数 $f(t)$ 为

$$f(t) = \lim_{\Delta t \to 0} \left[\frac{1}{N_0} \cdot \frac{N_S(t) - N_S(t + \Delta t)}{\Delta t} \right] = -\frac{1}{N_0} \frac{\mathrm{d}}{\mathrm{d}t} N_S(t) \tag{2-27}$$

因为 $N_S(t) = N_0 R(t)$，代入式(2-27)，则有

$$f(t) = -\frac{\mathrm{d}}{\mathrm{d}t} R(t) = \frac{\mathrm{d}}{\mathrm{d}t} F(t) \tag{2-28}$$

故障率函数 $\lambda(t)$ 为

$$\lambda(t) = \lim_{\Delta t \to 0} \left[\frac{1}{N_S(t)} \frac{N_S(t) - N_S(t + \Delta t)}{\Delta t} \right] = -\frac{1}{N_S(t)} \frac{\mathrm{d}}{\mathrm{d}t} N_S(t) \tag{2-29}$$

由式(2-27)~式(2-29)推导得

$$\lambda(t) = \frac{f(t)}{N_S(t)/N_0} = \frac{f(t)}{R(t)} \tag{2-30}$$

以上是从统计的角度出发，从一组元件的寿命过程来进行公式推导的，这与从单个元件的寿命过程来推导 $\lambda(t)$ 公式是一致的。

2.1.2　可修复元件的可靠性

1. 元件状态划分

一个可修复元件的状态是指该元件在特定时间里所处的特定状况。正确地划分状态是分析可修复元件可靠性能指标的基础，也是收集统计元件可靠性能

指标的基础。可修复的电力系统元件包括发电机、变压器、断路器、高压母线等设备。对于一个正在使用的电力系统元件来说,主要有可用状态和不可用状态。可用状态有时又称为工作状态,即元件处于可以执行它的规定功能的状态。工作状态持续的时间称为连续工作时间(Time To Failure,TTF)。不可用状态有时又称为停运状态,即元件处于不能执行它的规定功能的状态,停运状态持续的时间称为连续停运时间(Time To Repair,TTR)。不可用状态中计划停运状态是事先安排的,不可用状态中的强迫停运状态是随机的。

可修复元件在投入使用后,经过 T_U 时间(元件的首次故障时间)发生故障,被迫退出工作进行紧急修理,直到恢复其正常功能再投入运行。从元件发生故障到再投入运行的过程称为修复过程。由于元件发生故障的原因、破坏的程度以及修理条件等多种因素对修复过程的影响,它所需要的时间 T_D 通常也是一个随机变量。显然一个可修复元件的整个寿命流程是工作、修复(故障)、再工作、再修复的交替过程。可修复元件的两状态模型,元件只处于正常工作(通常用 U 或 N 表示)和故障停运(通常用 D 或 F 表示)两个状态,其中元件的工作时间 T_U 和修复时间 T_D 都是非负的随机变量。两状态可修复元件的状态转移图如图 2-3 所示。

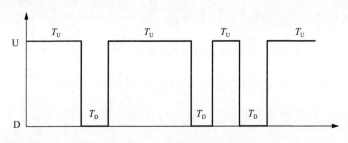

图 2-3　两状态可修复元件的状态转移图

2. 元件工作寿命及故障率

可修复元件的工作寿命是指元件能保持原来的技术指标,完成各项规定功能的时间。它相当于不可修复元件的寿命时间。但是它有多次寿命,而每次寿命都是和前一次修复过程联系在一起的,并受其影响,这是与不可修复元件不同的地方。衡量工作寿命的指标仍然是 MTTF;另一个指标是平均相邻故障间隔时间(Main Time Between Failure,MTBF),它是指元件在相邻两次故障之间(包括修复时间在内)的时间均值。

可修复元件故障率的定义和不可修复元件相同。由于它具有多次寿命,原则上每一个元件都可以作出故障率随时间变化的曲线 $\lambda(t)$。设可修复元件在 Δt_i 时间段内,其故障率为 $\lambda_i(t)$。当 Δt 足够小时,$\lambda_i(t)$ 可以用均值 λ_i 来代替;如将各时间段的 λ_i 连成曲线,即得到在理想修复(即修复时间为零)的情况下可修复元件的故障率曲线,如图 2-4 所示。

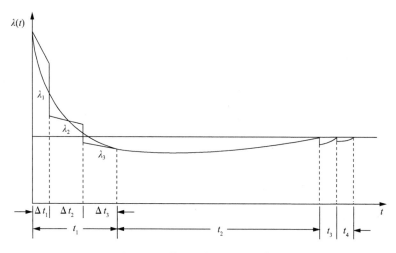

图 2-4　可修复元件的故障率曲线

　　一般来说,可修复元件的故障率曲线也分为三个阶段:第一阶段($0 < t < t_1$)为元件在开始试运行的调试阶段,故障率很高,经过调整和检修,故障率逐步降低趋于稳定;第二阶段($t_1 < t < t_1 + t_2$)为正常工作阶段,在这一阶段元件达到预定的技术性能并保持稳定;第三阶段($t > t_1 + t_2$)由于元件工作时间较长,部件严重耗损和老化,故障率迅速上升超过允许值,虽然经过检修但也不能达到原来的指标,且运行期越来越短($t_3 > t_4 > t_5$),在经济上已很不合算,要停止使用和更新。

　　3. 元件修复率

　　修复率用来表示可修复元件故障后修复的难易程度和效果,其定义为元件在 t 时刻以前未被修复,而在 t 时刻以后单位时间被修复的条件概率密度,即

$$m(t) = \lim_{\Delta t \to 0} \frac{1}{\Delta t} P(t < T_\mathrm{D} \leqslant t + \Delta t \mid T_\mathrm{D} > t) \tag{2-31}$$

其中,随机变量 T_D 为元件的修复时间。

　　如果 T_D 的分布为指数分布,即 $m(t)$ 为常数 μ,那么 T_D 的概率分布函数和密度函数为

$$G(t) = 1 - \mathrm{e}^{-\mu t} \tag{2-32}$$

$$g(t) = \frac{\mathrm{d}G(t)}{\mathrm{d}t} = \mu\,\mathrm{e}^{-\mu t} \tag{2-33}$$

　　元件的平均修复时间(Mean Time To Repair,MTTR)是元件修复时间 T_D 的

数学期望,即

$$\mathrm{MTTR} = \int_0^\infty t g(t) \, \mathrm{d}t \tag{2-34}$$

当修复时间服从指数分布时,有

$$\mathrm{MTTR} = \int_0^\infty t \mu \, \mathrm{e}^{-\mu t} \, \mathrm{d}t = \frac{1}{\mu} \tag{2-35}$$

描述修复时间概率的尺度称为维修度(maintainability),用 $M(t)$ 来表示,定义为可修复元件或系统在规定的条件下进行维修时,在规定时间内完成维修的概率。显然,$M(t)$ 是时间的单调递增函数,根据实际情况其分布可以是正态分布、Weibull 分布或指数分布等。若维修时间服从指数分布,则有

$$M(t) = 1 - \mathrm{e}^{-\mu t} = G(t) \tag{2-36}$$

4. 元件可靠度与可用度

与不可修复元件一样,可修复元件的可靠度 $R(t)$ 是指元件在起始时刻正常的条件下,在时间区间 $(0, t)$ 不发生故障的概率。但在研究可修复元件的可靠度时,注意力主要集中在从起始时刻到首次故障的时间。

对不可修复元件只要用可靠度 $R(t)$ 这一指标,就足以说明元件可靠工作的程度。而对可修复元件,除了它的可靠度,还必须考虑它的维修度 $M(t)$。通常采用可用度(availability)来表征元件可以利用的程度。不同的场合下,元件的可用度有不同的表达形式,常用的是以时间的平均值来表示,此时元件的可用度定义为

$$A = \frac{\mathrm{MTTF}}{\mathrm{MTTF} + \mathrm{MTTR}} = \frac{\mathrm{MTTF}}{\mathrm{MTBF}} \tag{2-37}$$

其中,MTBF 为平均故障间隔时间,即 MTTF 和 MTTR 之和。

同样,可以定义元件的不可用度 Q,有

$$Q = 1 - A = \frac{\mathrm{MTTR}}{\mathrm{MTTF} + \mathrm{MTTR}} \tag{2-38}$$

在元件的可靠度和维修度均服从指数分布的条件下,可用度和不可用度可计算为

$$A = \frac{\dfrac{1}{\lambda}}{\dfrac{1}{\lambda} + \dfrac{1}{\mu}} = \frac{\mu}{\lambda + \mu} \tag{2-39}$$

$$Q = \frac{\dfrac{1}{\mu}}{\dfrac{1}{\lambda} + \dfrac{1}{\mu}} = \frac{\lambda}{\lambda + \mu} \tag{2-40}$$

可靠度与可用度的不同在于,可靠度的定义中要求元件在时间区间 $(0, t)$ 连续地处于正常状态,而可用度则无此要求。如果一个元件在时刻 t 前发生过故障但又修复而在时刻 t 处于正常状态,那么对可用度有贡献,而对可靠度没有贡献。因此一般可用度 $A(t)$ 大于或等于可靠度 $R(t)$,即

$$A(t) \geqslant R(t) \tag{2-41}$$

显然,对于不可修复元件,有

$$A(t) = R(t) \tag{2-42}$$

5. 元件状态分析

式 (2-42) 中的可用度 A 是元件的稳态可用度,但在可靠性问题的研究中,有时感兴趣的是元件在任意时刻 t 停留在某一状态(工作状态或故障状态)的概率,这就需要使用 Markov 过程求瞬态解的方法。

仍以最简单的两状态模型为例。设该元件有两种状态:工作状态 $(X = 0)$,简称"0 状态"或"U 状态";停运状态 $(X = 1)$,简称"1 状态"或"D 状态"。工作状态由于故障而转移到停运状态,停运状态由于修理而恢复到工作状态,状态转移如图 2-5 所示。

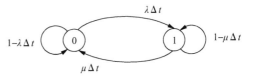

图 2-5　两态 Markov 过程

假定连续工作时间 T_U 和连续停运时间 T_D 服从指数分布,相应的分布函数为

$$\begin{cases} F_U(t) = 1 - e^{-\lambda t} \\ F_D(t) = 1 - e^{-\mu t} \end{cases} \tag{2-43}$$

其中,λ 为故障率;μ 为修复率。

显然,元件在时刻 $t + \Delta t$ 处于"1"的概率与元件在时刻 t 的状态有关,与更早的状态无关,这是 Markov 过程的特点。相应的转移概率为

$$\begin{cases} P[X(t + \Delta t) = 1 \mid X(t) = 0] = p_{01}(\Delta t) \approx \lambda \Delta t \\ P[X(t + \Delta t) = 0 \mid X(t) = 1] = p_{10}(\Delta t) \approx \mu \Delta t \\ P[X(t + \Delta t) = 0 \mid X(t) = 0] = p_{00}(\Delta t) \approx 1 - \lambda \Delta t \\ P[X(t + \Delta t) = 1 \mid X(t) = 1] = p_{11}(\Delta t) \approx 1 - \mu \Delta t \end{cases} \tag{2-44}$$

式(2-44)中的近似号是忽略在 Δt 中发生二次以上转移的概率。

转移密度为

$$\begin{cases} q_{ij} = \lim_{\Delta t \to 0} \dfrac{p_{ij}(\Delta t)}{\Delta t}, & i \neq j \\ q_i = \lim_{\Delta t \to 0} \dfrac{1 - p_{ii}(\Delta t)}{\Delta t} \end{cases} \tag{2-45}$$

相应地，$q_{01} = \lambda$，$q_{10} = \mu$，$q_0 = \lambda$，$q_1 = \mu$。

因为转移密度是常数，所以 Markov 过程是齐次的，这时转移概率矩阵为

$$\boldsymbol{P}(\Delta t) = \begin{bmatrix} 1 - \lambda \Delta t & \lambda \Delta t \\ \mu \Delta t & 1 - \mu \Delta t \end{bmatrix} \tag{2-46}$$

在转移概率矩阵中，列是起始状态，由小到大排列；行是到达状态，由小到大排列，建立矩阵时应与图 2-5 的状态转移图对应。

转移密度矩阵 $\boldsymbol{A}$ 为

$$\boldsymbol{A} = \lim_{\Delta t \to 0} \frac{\boldsymbol{P}(\Delta t) - \boldsymbol{I}}{\Delta t} = \lim_{\Delta t \to 0} \left\{ \begin{bmatrix} 1 - \lambda \Delta t & \lambda \Delta t \\ \mu \Delta t & 1 - \mu \Delta t \end{bmatrix} - \begin{bmatrix} 1 & 0 \\ 0 & 1 \end{bmatrix} \right\} \frac{1}{\Delta t} = \begin{bmatrix} -\lambda & \lambda \\ \mu & -\mu \end{bmatrix} \tag{2-47}$$

下面导出求状态概率的方程式。

令 $p_j(t) = P\{X(t) = j\}$，$j \in S$ 表示元件在时刻 t 处于 j 状态的概率。根据全概率公式，有如下关系：

$$p_j(t + \Delta t) = \sum_{k=0}^{n} p_k(t) p_{kj}(\Delta t) = p_j(t) p_{jj}(\Delta t) + \sum_{k \neq j} p_k(t) p_{kj}(\Delta t) + o(\Delta t) \tag{2-48}$$

其中，$o(\Delta t)$ 表示发生两次以上转移的概率，是一个高阶无穷小量，可以忽略。当 $j = 0$ 时，即元件在时刻 $t + \Delta t$ 处在 0 状态的概率为

$$p_0(t + \Delta t) = p_0(t)(1 - \lambda \Delta t) + p_1(t) \mu \Delta t \tag{2-49}$$

$$\frac{p_0(t + \Delta t) - p_0(t)}{\Delta t} = -\lambda p_0(t) + \mu p_1(t) \tag{2-50}$$

当 $\Delta t \to 0$ 时，取极限得

$$\frac{\mathrm{d} p_0(t)}{\mathrm{d} t} = -\lambda p_0(t) + \mu p_1(t) \tag{2-51}$$

当 $j=1$ 时,相当于元件在时刻 $t+\Delta t$ 处在 1 状态的概率为

$$p_1(t+\Delta t) = p_1(t)(1-\mu\Delta t) + p_0(t)\lambda\Delta t \tag{2-52}$$

$$\frac{p_1(t+\Delta t) - p_1(t)}{\Delta t} = \lambda p_0(t) - \mu p_1(t) \tag{2-53}$$

当 $\Delta t \to 0$ 时,取极限得

$$\frac{\mathrm{d}p_1(t)}{\mathrm{d}t} = \lambda p_0(t) - \mu p_1(t) \tag{2-54}$$

解此方程便可求得 $p_0(t)$ 和 $p_1(t)$,一般可用拉氏变换求解这组微分方程。

令 $\mathscr{L}[p_0(t)] = p_0(s)$,则 $\mathscr{L}\left[\dfrac{\mathrm{d}p_0(t)}{\mathrm{d}t}\right] = sp_0(s) - p_0(0)$。

假定初始条件为 $p_0(0)=1$, $p_1(0)=0$,即元件开始时处于工作状态,经拉氏变换后为

$$sp_0(s) - 1 = -\lambda p_0(s) + \mu p_1(s) \tag{2-55}$$

$$sp_1(s) = \lambda p_0(s) - \mu p_1(s) \tag{2-56}$$

由式(2-56)得

$$p_1(s) = \frac{\lambda}{s+\mu} p_0(s) \tag{2-57}$$

$$p_0(s) = \frac{s+\mu}{s(s+\lambda+\mu)} = \frac{1}{s}\left(\frac{1}{\lambda+\mu}\right) + \frac{1}{s+\lambda+\mu}\left(\frac{\lambda}{\lambda+\mu}\right) \tag{2-58}$$

经逆变换得

$$p_0(t) = \frac{\mu}{\mu+\lambda} + \frac{\lambda}{\mu+\lambda}\mathrm{e}^{-(\mu+\lambda)t} \tag{2-59}$$

$$p_1(s) = \frac{\lambda}{s[s+(\lambda+\mu)]} = \frac{1}{s}\left(\frac{\lambda}{\lambda+\mu}\right) + \frac{1}{s+\lambda+\mu}\left(-\frac{\lambda}{\lambda+\mu}\right) \tag{2-60}$$

经逆变换得

$$p_1(t) = \frac{\lambda}{\mu+\lambda} - \frac{\lambda}{\mu+\lambda}\mathrm{e}^{-(\mu+\lambda)t} \tag{2-61}$$

相应的图像如图 2-6 所示。

元件的可用度的定义是元件在特定时刻 t 能维持其正常功能的概率;那么元件在时刻 t 处于工作状态的概率 $p_0(t)$ 即元件的瞬时可用度 $A(t)$,又称为点可用度,即

$$A(t) = p_0(t) = \frac{\mu}{\mu+\lambda} + \frac{\lambda}{\mu+\lambda}\mathrm{e}^{-(\mu+\lambda)t} \tag{2-62}$$

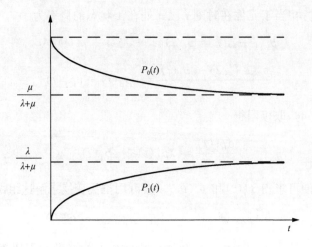

图 2-6　$p_0(t)$、$p_1(t)$ 随时间的变化

它是时间的函数,元件的瞬时不可用度 $Q(t)$ 应为

$$Q(t) = p_1(t) = \frac{\lambda}{\mu + \lambda} - \frac{\lambda}{\mu + \lambda} \mathrm{e}^{-(\mu+\lambda)t} \tag{2-63}$$

当 $t \to \infty$ 时,状态概率趋向于一个极限值,这时的 A 称为稳态可用度,即

$$A = \frac{\mu}{\lambda + \mu} \tag{2-64}$$

稳态不可用度为

$$Q = \frac{\lambda}{\lambda + \mu} \tag{2-65}$$

这和前面用 MTTF 和 MTTR 所求得的结果是一致的。

2.2　单一因素影响下的设备停运概率模型

2.2.1　设备自身健康状况对设备停运概率的影响

对大量电力设备的故障数据研究表明,设备的故障率呈浴盆曲线形状,并具有三个明显的区域,如图 2-7 所示。区域 I 为调试期,元件故障率随时间逐渐下降;区域 II 为有效寿命期,元件故障率接近常数;区域 III 为衰耗期,元件故障率呈上升趋势。元件的老化失效即发生在衰耗期,是与历史(即元件服役时间)有关的条件失效事件。

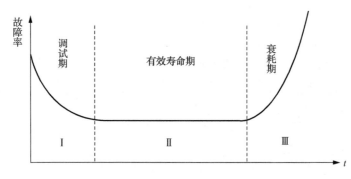

图 2-7　浴盆曲线

老化过程通常用 Weibull 分布来描述,其故障率和累积概率分布函数分别如下:

$$\lambda_a(t) = \frac{\beta}{\eta} \left(\frac{t}{\eta} \right)^{\beta-1} \tag{2-66}$$

$$F_a(t) = 1 - e^{-(\frac{t}{\eta})^{\beta}} \tag{2-67}$$

其中,t 为时间;β 为形状参数;η 为尺度参数,也称为特征寿命参数。

根据条件概率的定义,元件在服役了 T 时间后,在其后续时间区间 Δt 内发生老化失效的概率为

$$P_a = \Pr(T \leqslant t \leqslant T + \Delta t \mid t > T) = \frac{F_a(T + \Delta t) - F_a(T)}{1 - F_a(T)} \tag{2-68}$$

$$P_a = 1 - e^{(\frac{T}{\eta})^{\beta} - (\frac{T+\Delta t}{\eta})^{\beta}} \tag{2-69}$$

1. 变压器老化失效模型

1) 变压器老化失效机理

变压器随着运行年限的增加其绝缘材料和各部件老化程度不断加深,但是一方面绝缘材料老化带来的影响和危害要大于部件老化的影响和危害,另一方面由于目前电网采取了定期检修的维修策略,通常能对老化严重的部件进行维修或者更换,因此老化程度深的变压器薄弱环节是绝缘材料。

油浸式变压器的绝缘系统包括绝缘油和固体绝缘材料,固体绝缘材料主要指的是绝缘纸,绝缘纸的主要成分为纤维素,纤维素是一种天然有机化合物,绝缘纸在变压器运行过程中在温度、水分、酸、氧气、机械力的作用下会发生纤维素分子键链的断裂或解环,当纤维素分子结构受到严重破坏时,表现形式为绝缘纸的严重老化,而这一老化过程具有不可逆转性,并且绝缘纸相比绝缘油,其无法在检修时进行更换和再生处理,因此可以认为绝缘纸的寿命决定了变压器的实际寿命,变压器

老化失效的原因是绝缘纸的老化失效。

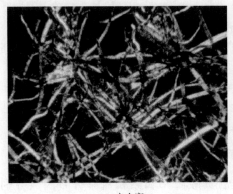
(a) 未击穿

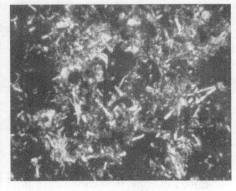
(b) 击穿

图 2-8　未击穿和击穿的绝缘纸放大图

当绝缘纸严重老化时,其机械性能与电气性能都会大大削弱,此时发生绝缘击穿的可能性要远大于绝缘纸良好状况下的击穿可能性(图 2-8),因此实现在线诊断变压器绝缘纸的健康状况是评估老化失效概率的基础。因为温度、水分、酸、氧等多种因素对绝缘纸老化速率有着不同程度的加速作用,实际现场中不同变压器的内部环境不尽相同,致使相同运行时间下的同一型号变压器的绝缘纸老化程度也并不相同,无法通过运行年限来直接诊断变压器的绝缘老化状态。

过去在缺乏变压器状态信息的情况下评估变压器绝缘纸老化状况常用的一种方法是通过估计绝缘纸裂解速率来建立时间与绝缘纸健康状况的函数,但由于影响绝缘纸裂解速率的内部环境因素众多,不可能逐一考虑,有些老化机理也尚未明确,此外基于理论推导的评估方法准确度随着运行年限增加而降低、难以统计完整的影响因素历史信息等也是这种方法无法避免的问题。随着在线监测技术的发展和应用,基于变压器绝缘老化特征产物监测信息来评估绝缘老化状况能让评估结果具备更高的可靠性。

2) 绝缘纸老化特征参量选取

一个纤维素分子中所包含的重复结构单元或者葡萄糖基的数量称为聚合度,聚合度的降低对应着绝缘纸机械性能的降低,聚合度被认为是最能够表征绝缘纸老化程度的参量,但是测量聚合度需要对变压器进行吊芯取样,因此无法用于在线评估。绝缘纸在老化的过程中裂解产生的主要气体为 CO、CO_2,当绝缘纸老化严重时,CO、CO_2 的含量通常很高,而且这两种气体是油中溶解气体在线监测系统监测的参量,可以将 CO、CO_2 作为评估绝缘纸老化程度的一个判据,但是由于 CO、CO_2 的来源也有可能是绝缘油的分解和外界空气,且溶解度随环境的变化而变化,因此其监测含量常常呈现出一定的波动性。另外为了减少因变压器型号等不同引起的气体正常含量的差异性,可以考虑以 CO_2/CO 这一比值来作为特征参量

（CO_2 较易溶于油中而 CO 溶解度较小,其比值一般随着运行年限的增加而增加）。总体来说,将 CO、CO_2 用于在线实时评估绝缘纸老化状况时结合其他特征参量信息能提高评估的准确性。

　　20 世纪 80 年代,英国学者首次提出将油中糠醛（$C_5H_4O_2$）含量作为特征参量来诊断变压器绝缘纸的老化程度,此后糠醛逐渐成为公认的在线评估绝缘纸老化的有效指标。糠醛是纤维素降解过程中产生的呋喃合物,是溶解于绝缘油中的液体,糠醛在油中分布可认为是均匀分布的,能够反映变压器内部绝缘纸的整体老化水平,同时糠醛具有较好的稳定性和单一的来源（绝缘油老化不产生糠醛）,能够通过在线取少量油样来检测其含量,糠醛含量是目前在线评估绝缘纸状况最可靠的特征参量。糠醛含量的测定方法目前使用较多的是高效液相色谱分析仪,虽然液相色谱分析技术在各个行业应用已经比较广泛,但遗憾的是液相色谱分析技术目前在国内在线监测系统中基本没有得到应用,其主要的原因是油中溶解液体的分析价值不如油中溶解气体的分析价值,而且高效液相色谱分析技术应用到在线监测系统的成本较高,经济效益并不明显,但随着相关技术的成熟和成本的下降,液相色谱分析技术走向在线监测正成为未来的一种趋势。虽然糠醛含量目前无法得到实时监测,但是因为绝缘纸的老化是一个很漫长的过程,我们可以近似认为在一定时期内糠醛的含量是不变的,通过一次变压器放油阀的取样测定得到结果后,如果在一定时期内（如半个月）油箱内部环境没有出现恶劣的条件（高温过热、受潮等）,则可以认为糠醛含量是稳定的,间隔一段时间再进行下一次取样测定。

　　绝缘纸老化过程中还有一种产物是有机酸,虽然油的劣化也会出现有机酸,但实验和实际经验表明油中有机酸含量与绝缘纸老化程度具有良好的相关性,而且酸值的测定方法要相对简单。

　　综上所述,选取 CO 含量、CO_2 含量、CO_2/CO 比值、糠醛含量、油酸含量这五个特征参量来综合评估变压器绝缘纸老化状况,如图 2-9 所示。

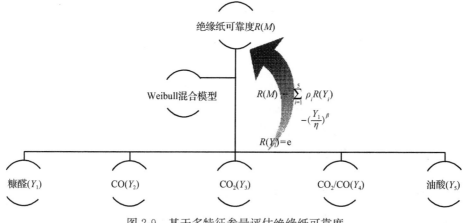

图 2-9　基于多特征参量评估绝缘纸可靠度

3）基于多特征参量的绝缘纸可靠度评估

（1）Weibull 分布与建模思路。

Weibull 分布是设备可靠性评估中最常用的寿命分布之一，诸多试验研究表明：因某一局部故障会导致整体功能失效的电气设备寿命均服从 Weibull 分布，两参数 Weibull 分布的累积概率分布函数、可靠度函数和故障率函数分别为

$$F_a(t) = 1 - e^{-(\frac{t}{\eta})^\beta} \tag{2-70}$$

$$R_a(t) = 1 - F_a(t) = e^{-(\frac{t}{\eta})^\beta} \tag{2-71}$$

$$\lambda_a(t) = \frac{\beta}{\eta}\left(\frac{t}{\eta}\right)^{\beta-1} \tag{2-72}$$

其中，t 为时间；β 为形状参数，形状参数的不同反映了不同的失效机理；η 为尺度参数，也称为特征寿命，对应 e^{-1} 比例的设备失效时的运行时间。$\eta=1$ 时，不同 β 下概率密度 $f(t)$ 分布情况如图 2-10 所示。

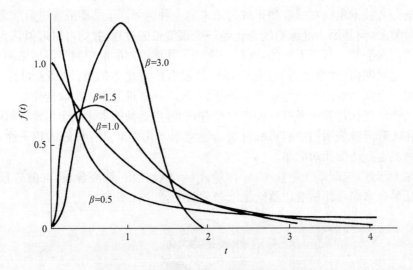

图 2-10　$\eta=1$ 时不同 β 下概率密度分布

IEEE 标准推荐以两参数 Weibull 分布来描述绝缘纸的寿命分布，这也得到了试验的验证。但是对于实际运行中的变压器绝缘纸寿命分布并不能简单地以一个两参数的 Weibull 分布来描述，原因是尺度参数随着运行环境的不同而不同，而变压器内部环境是在不断变化的。

由于糠醛等特征参量是绝缘纸老化的特征产物，理想情况下特征参量增长的速率与老化降解速率成正比，特征参量值能很好地直接反映绝缘纸的老化程度。并且单特征参量本身具有波动性、片面性，而不同的特征参量能从不同侧面和层次

上表征设备的状况,所以基于多个特征参量的综合诊断能彼此补充,更全面准确地诊断设备的运行状态。因此为了建立状态监测的特征参量与绝缘纸可靠性的联系,以多个特征参量作为 Weibull 分布函数自变量,基于 Weibull 分布分别建立每个特征参量值对应绝缘纸可靠度的函数,通过确定各个特征参量的权重后建立基于多特征参量的绝缘纸可靠度综合评估模型,如图 2-11 所示。

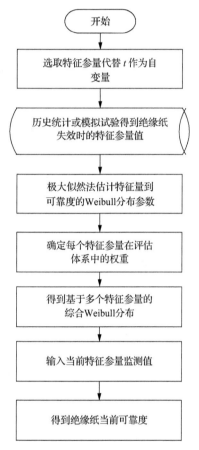

图 2-11　基于多特征参量的绝缘纸可靠度评估流程

（2）图 2-11Weibull 分布参数估计。

建立基于特征参量的绝缘纸可靠度模型最重要的一个过程在于实现相对准确的参数估计,参数估计也就是估计每个特征参量到绝缘纸可靠度的 Weibull 分布的两参数,参数估计方法的有效性和参数估计数据样本的准确性与可靠性决定了模型评估的有效性和准确性。

Weibull 分布的参数估计方法常用的方法有概率纸法、最小二乘法以及极大似然法等,其中最精确有效的方法是极大似然法。极大似然法参数估计的基本思想是选择相应的分布参数使得已发生的事件的发生概率最大。假设 $X_1, X_2, \cdots,$ X_n 是总体 X 的一个样本,样本的联合密度或者联合概率密度为 $f(X_1, X_2, \cdots, X_n;$ $\theta)$。若样本 $X_1, X_2, \cdots, X_n$ 给定,定义似然函数为 $L(\theta) = f(X_1, X_2, \cdots, X_n; \theta)$,似然函数 $L(\theta)$ 是参数 θ 的函数,似然函数表示的是参数 θ 的不同对 $X_1, X_2, \cdots, X_n$ 发生可能性的影响,极大似然法的估计过程就是以使 $L(\theta) = f(X_1, X_2, \cdots, X_n; \theta)$ 为最大值的参数 $\hat{\theta}$ 去估计实际的参数 θ,即

$$L(\hat{\theta}) = \max_{\theta} L(\theta) \tag{2-73}$$

参数估计的精确性依赖于样本数据的可靠性、数量,进行特征参量到绝缘纸可靠度的 Weibull 分布参数估计时需要一定数量的完全或截尾数据作为估计样本,这些数据指的是通过在线统计或者模拟试验得到的绝缘纸老化失效时对应的特征参量值,如何获得足够数量且可靠准确的样本数据是评估模型可行性所面临的最大问题。

电力变压器随着型号、生产厂家等不同而具有差异性,这些差异性在绝缘系统上体现为绝缘纸量、绝缘油量、两者比例等的不同,这样就使得在这一型号变压器上建立的模型并不适用于另一型号的变压器,因为绝缘油纸的比例的不同会影响特征参量的正常参考值的取值,因此为了减小这种差异性带来的误差或者样本数据获取的难度,特征参量的评估值可以表示为

$$Y = Y_a \frac{Q_p}{Q_o} \tag{2-74}$$

其中,Y_a 为特征参量实际的监测含量;Q_p 为变压器中绝缘纸的质量;Q_o 为变压器中绝缘油的质量。若不加说明,后面所说的特征参量值皆指换算的评估值。

若以在线运行变压器的统计数据来进行参数估计,基本流程为:假设对运行的 n 台变压器(绝缘纸为同一类型)的特征参量 Y 进行在线监测,得到的截尾数据为在监测期间有 r 台变压器出现绝缘纸失效引起的故障,其发生故障时特征参量 Y 分别为 Y_1、Y_2、$\cdots$、$Y_r (Y_1 \leqslant Y_2 \leqslant \cdots \leqslant Y_r)$,而另外 $n-r$ 台变压器特征参量 Y 当前监测值为 Y_{r+1}、Y_{r+2}、$\cdots$、$Y_n (Y_{r+1} \leqslant Y_{r+2} \leqslant \cdots \leqslant Y_n)$。那么极大似然法的估计方程为

$$\begin{cases} \dfrac{\displaystyle\sum_{i=1}^{r} Y_i^{\beta} \ln Y_i + \sum_{i=r+1}^{n} Y_i^{\beta} \ln Y_i}{\displaystyle\sum_{i=1}^{r} Y_i^{\beta} + \sum_{i=r+1}^{n} Y_i^{\beta}} - \dfrac{1}{\beta} = \dfrac{1}{r} \sum_{i=1}^{r} \ln Y_i \\[4mm] \eta^{\beta} = \dfrac{1}{r} \left(\sum_{i=1}^{r} Y_i^{\beta} + \sum_{i=r+1}^{n} Y_i^{\beta} \right) \end{cases} \tag{2-75}$$

通过式(2-75)中解方程可得到参数估计结果 β 与 η。通过 MATLAB 来进行参数估计式可以调用相应的 Weibull 分布参数估计函数 wblfit()来完成。

基于在线运行变压器统计数据进行参数估计得到的参数要比模拟试验得到的参数更适用于在线评估,但是实际上这样的参数估计样本数据难以得到,目前还没有开展这样的统计工作,要开展这些统计工作一方面需要很多变电站的参与,由电力生产管理系统中心统一建立相关的数据库,另一方面变压器因绝缘纸老化失效引起的故障在现场能统计到的数量很少,这对于依赖样本数据数量的参数估计方法的估计结果的精确度很难保证,因此样本数据仅依靠在线运行变压器的统计数据是不够的。

由于缺少完善的统计信息,在研究中建立模型的样本数据往往是通过模拟试验来得到的。由于绝缘纸老化是一个很缓慢的过程,所以通常对绝缘纸进行加速老化试验以缩短试验周期。绝缘纸的加速老化试验成本较低,可以通过多组试验来得到大量的样本数据,能够提高建立模型的可靠性。但是,基于加速老化试验数据建立的评估模型是否适用于在线评估仍是个有待验证的问题,这取决于多个方面,包括加速老化试验的试验设计的合理性、模拟的全面性、判据的正确性、试验条件和操作水平等。

错误的加速老化试验数据会对建模带来误导作用,因此加速老化试验的合理设计非常重要。首先,应合理地选择模拟试验中绝缘纸的寿命终点的判据。若以绝缘纸的击穿作为寿命终点的判据,那么试验条件中应当选择多大的场强以模拟绝缘纸实际电场环境是需要考虑的问题,另外有不少研究表明绝缘纸老化过程中机械性能的降低要比电气性能的降低严重,因此也有学者提出以聚合度降低到一定数值作为寿命终结的判据(绝缘纸抗拉强度难以测量,聚合度与抗拉强度有良好的关系),但聚合度的这个临界值也依赖于主观选取,目前尚未有统一的取值,试验者需要结合实际运行经验来调整聚合度的判别标准。DL/T984—2005《油浸式变压器绝缘老化判断导则》中给出了可以参考的绝缘纸聚合度判别标准,如表 2-1 所示。

表 2-1　变压器绝缘纸聚合度判别标准

聚合度	>500	250~500	150~250	<150
判断意见	良好	能够运行	需注意	需停运

绝缘纸加速老化试验的设计中除了对寿命终结判据的选取,应该全面地考虑到模拟环境与实际运行环境的差异性,在试验实施时尽量减小这种差异造成的误差,或者通过另外的试验与理论分析对这种模拟与实际之间的差距进行补偿。变压器实际内部运行环境要比仅针对绝缘纸的老化试验条件复杂得多,实际失效机理的差异、温度与油中环境对特征参量溶解度的影响、净油装置吸附作用、滤油与

换油处理以及一些难以预知的因素都有可能导致加速老化试验结果与实际结果出现较大的出入,将基于加速老化试验建立的模型应用于在线评估时应给予补偿。例如,通过试验总结出温度对特征参量在油中的溶解度的影响,在线评估时根据油温实时的数据对特征参量监测值进行温度补偿;目前变压器检修中可能会对变压器的滤油、换油进行处理,这对于油中溶解液体及气体的含量都可能带来很大的影响,因此需要测定检修前后的特征参量含量,在滤油、换油之后计算其累计值而不只是取当前监测值。另外,由于目前很多油浸式变压器内部装设有净油装置,净油装置中硅胶、活性氧化铝等吸附剂会对油中溶解液体具有吸附作用,导致糠醛这些特征参量监测值小于真实值,可以通过吸附剂与油中溶解液体的吸附规律进行补偿,描述吸附作用最常用的方程式是朗缪尔(Langmuir ltying)吸附等温线方程式,即

$$q = \frac{kpq_m}{1+kp} \tag{2-76}$$

其中,q 为吸附量;q_m 为饱和吸附量;p 为油中相应液体的浓度;k 为朗缪尔平衡常数,与吸附剂的性质和温度相关,值越大表示吸附能力越强。

有研究表明糠醛在油中的平衡常数 k 与温度 T 的关系式如下:

$$\ln k = 704.3/T + 6.533 \tag{2-77}$$

$$\ln k = 671.1/T + 6.572 \tag{2-78}$$

式(2-77)和式(2-78)分别针对 45 号绝缘油和 25 号绝缘油。

(3) 熵权法确定特征参量权重。

特征参量的权重表示的是该特征参量在综合评估模型中的相对重要程度。在通过参数估计得到 Weibull 分布参数后建立了每个特征参量与可靠度的函数,但是每个特征参量与绝缘纸老化的相关度、参数估计的可靠度等度量不同,在评估体系中对应权重也应当不同,因此需要确定每个特征参量分别的权重以建立综合评估可靠度的模型。

对于权重确定的方法可分为主观赋权法与客观赋权法。主观赋权法中权重的分配主要由相关领域的专家组来确定,其优点在于能够充分利用专家的知识与经验针对实际问题灵活地给出指导意见,但不足在于主观因素影响太大。客观赋权法是根据历史数据、相关信息内部所包含的逻辑性和规律性以数学的方法来确定权重,但得到的权重可能与实际脱离。

主观与客观赋权法都有自己的优缺点,而两者的优缺点是互补的,为了综合两者的优势本书提出主观赋权法和客观赋权法相结合的赋权方法:先通过专家组的评分来得到基础的权重分配,再结合特征参量建模可靠性等三个评价指标通过熵权法来计算权重的修正值,因此得到的权重值既吸收了专家的知识与经验又能根

据客观信息来实时调整权重比值。

首先由专家组根据这五个特征参量的重要程度(与绝缘纸老化程度的相关程度、表征绝缘纸老化程度的能力)对其进行评估,可以直接给出五个特征参量的权重比值,也可以给出判断矩阵以层次分析法等方法来确定权重比值。设根据专家组评估得到的权重值为 $\boldsymbol{\omega} = [\omega_1, \omega_2, \omega_3, \omega_4, \omega_5]$。

对专家评估的权重值以熵权法进行修正。熵是表示信息无序程度的一个度量,如果一个评价指标表现的差异程度与离散程度越大,说明该评价指标提供的信息量越多,在综合评估体系中就应当越被重视。熵权法在赋权的过程中根据评价指标的差异程度和离散程度计算出各指标的熵权,然后以熵权值对原权重值进行修正。

假设有 m 个参与评估的特征参量,n 个评价指标,构成的评价矩阵为 $\boldsymbol{R}$,即

$$\boldsymbol{R} = \begin{bmatrix} r_{11} & r_{12} & \cdots & r_{1n} \\ r_{21} & r_{22} & \cdots & r_{2n} \\ \vdots & \vdots & & \vdots \\ r_{m1} & r_{m2} & \cdots & r_{mn} \end{bmatrix}_{m \times n} \tag{2-79}$$

在基于多特征参量评估绝缘纸老化状况的模型中,建立三个评价指标来反映每个特征参量对应评估模型的可靠性,这三个评价指标分别为建模样本数据数量、模型在线应用有效性、实时在线监测信息可靠性,如表 2-2 所示。可以根据应用情况的不同、实时在线信息的变化来对特征参量的评价指标评分进行实时的修改,以期根据客观条件的变化来实时修正特征参量的权重。

表 2-2 特征参量评价指标

评分	建模样本数据数量	模型在线应用有效性	实时在线监测信息可靠性
0.75～1	建模数据足够多	有效准确的评估	特征量稳定且变化趋势正常
0.5～0.75	建模数据满足要求	比较有效的评估	稳定性一般或变化趋势不明显
0.25～0.5	建模数据较少	评估有效性一般	特征量波动较大或变化趋势异常
0～0.25	建模数据很少	难以有效的评估	特征量波动大且变化趋势异常

以熵权法计算特征参量动态权重的步骤如下。

①计算第 j 个指标下第 i 个特征参量的指标值的比重 p_{ij},即

$$p_{ij} = r_{ij} / \sum_{i=1}^{m} r_{ij} \tag{2-80}$$

②计算第 j 个指标的熵值 e_j:

$$e_j = -k \sum_{i=1}^{m} p_{ij} \cdot \ln p_{ij} \tag{2-81}$$

其中，$k = 1/\ln m$。

③计算第 j 个指标的熵权 E_j：

$$E_j = (1 - e_j) \Big/ \sum_{j=1}^{n} (1 - e_j) \tag{2-82}$$

④得到第 i 个特征参量的权重 ρ_i：

$$\rho_i = \frac{\sum\limits_{j=1}^{n} E_j r_{ij}}{\sum\limits_{i=1}^{m} \sum\limits_{j=1}^{n} E_j r_{ij}} \tag{2-83}$$

由熵权法计算得到的特征参量动态权重 $\boldsymbol{\rho} = [\rho_1, \rho_2, \rho_3, \rho_4, \rho_5]$；结合专家组评估得到的权重 $\boldsymbol{\omega} = [\omega_1, \omega_2, \omega_3, \omega_4, \omega_5]$ 可计算修正后的特征参量权重为

$$\widetilde{\boldsymbol{\omega}} = [\widetilde{\omega}_1, \widetilde{\omega}_2, \widetilde{\omega}_3, \widetilde{\omega}_4, \widetilde{\omega}_5] = \omega\rho = [\omega_1\rho_1, \omega_2\rho_2, \omega_3\rho_3, \omega_4\rho_4] \tag{2-84}$$

可以对 $\widetilde{\omega}$ 权重进行归一化处理。

（4）绝缘纸当前可靠度计算。

由参数估计得到的第 i 个特征参量的绝缘纸可靠度函数为

$$R_a(Y_i) = e^{-(\frac{Y_i}{\eta_i})^{\beta_i}} \tag{2-85}$$

基于多特征参量的综合绝缘纸可靠度函数为

$$R_a(M) = \sum_{i=1}^{5} \widetilde{\omega}_i R_a(Y_i) \tag{2-86}$$

输入当前特征参量监测值 $Y_1 \sim Y_5$ 到式（2-86）中，得到绝缘纸当前可靠度 $R(M)$。

4）绝缘纸短期老化失效概率评估

基于多特征参量的绝缘纸可靠度模型能够实现绝缘纸的可靠度实时评估，但是要应用于预测未来短期绝缘纸老化失效概率面临着很多难题：难以预测未来的特征参量值，特征参量监测值具有波动性，不满足短期评估的灵敏性要求，难以建立与时间尺度的联系，无法计及运行条件的影响等。

基于特征参量的 Weibull 分布的参数估计的样本数据主要来自绝缘纸加速老化试验，加速老化试验在达到寿命终结判据时除了记录特征参量值，还有试验时间，即特征寿命，根据加速条件水平与绝缘纸特征寿命的关系将寿命等效到参考条件水平下的寿命，便可进行参数估计得到关于运行时间 t 的 Weibull 分布（参考条件水平下），其可靠度函数和故障率函数为

$$R_a(t) = e^{-(\frac{t}{\eta})^{\beta}} \tag{2-87}$$

$$\lambda_a(t) = \frac{\beta}{\eta}\left(\frac{t}{\eta}\right)^{\beta-1} \tag{2-88}$$

如果变压器在参考条件下运行了时间 T，那么在未来短期 Δt 内绝缘纸发生老化失效的概率为

$$P_a = \Pr(T \leqslant t \leqslant T + \Delta t \mid t > T) = \frac{R_a(T) - R_a(T + \Delta t)}{R_a(T)} = 1 - e^{\left(\frac{T}{\eta}\right)^{\beta} - \left(\frac{T+\Delta t}{\eta}\right)^{\beta}} \tag{2-89}$$

为了能够计算老化失效的故障率，将由特征参量监测值计算得到的绝缘纸可靠度 $R(M)$ 计算得到变压器的等效运行时间 T_e（在参考条件下的运行时间），进而可计算出参考条件下未来短期 Δt 内绝缘老化失效概率。

但是运行可靠性评估的是计及运行条件下的短期可靠性，在预测绝缘纸未来老化失效概率时应考虑绝缘纸的运行环境，影响绝缘纸老化速率的环境因素主要是温度、水分、氧气等，因密封式变压器含氧量较低，在短期评估中可以忽略其作用，因此主要考虑温度和氧气的加速作用。

绝缘纸遭受的最高温度可认为是变压器的热点温度，其热传递的过程如图 2-12 所示。

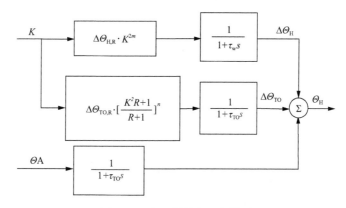

图 2-12　变压器热点温度模型

（1）计算顶部油相对环境温度的温升 $\Delta\Theta_{TO}$（℃），即

$$\tau_{TO}\frac{d\Delta\Theta_{TO}}{dt} = \Delta\Theta_{TO,U} - \Delta\Theta_{TO} \tag{2-90}$$

$$\Delta\Theta_{TO,U} = \Delta\Theta_{TO,R} \cdot \left[\frac{K^2 R + 1}{R + 1}\right]^n \tag{2-91}$$

其中，$\Delta\Theta_{TO,U}$（单位：℃）为顶油温升终值；$\Delta\Theta_{TO,R}$（单位：℃）为额定负荷时的顶油温

升；K（单位：p. u.）为变压器负载率即当前负荷对额定负荷之比；R（单位：p. u.）为变压器额定负荷损耗对空载损耗之比；τ_{TO}（单位：h）为变压器油温升时间常数。

（2）计算最热点温度相对顶部油温的温升 $\Delta\Theta_H$（℃），即

$$\tau_w \frac{d\Delta\Theta_H}{dt} = \Delta\Theta_{H,U} - \Delta\Theta_H \tag{2-92}$$

$$\Delta\Theta_{H,U} = \Delta\Theta_{H,R} \cdot K^{2m} \tag{2-93}$$

其中，$\Delta\Theta_{H,U}$（单位：℃）为热点温升终值；$\Delta\Theta_{H,R}$（单位：℃）为额定负荷时的最热点温升；τ_w（单位：h）为变压器绕组温升时间常数；m 为取决于变压器冷却方式的经验常数。

（3）计算滞后的环境温度 Θ_{Ae}（℃），即

$$\tau_{TO} \frac{d\Theta_{Ae}}{dt} = \Theta_A - \Theta_{Ae} \tag{2-94}$$

其中，Θ_A（℃）为瞬时的环境温度。

（4）计算绕组最热点温度 Θ_H（℃），即

$$\Theta_H = \Theta_{Ae} + \Delta\Theta_{TO} + \Delta\Theta_H \tag{2-95}$$

试验结果表明绝缘纸的降解速率与绝缘纸中的水分含量成正比，结合 Arrhenius 反应方程得到绝缘纸降解速率为

$$K = A\exp\left(-\frac{B}{\Theta}\right)M_0 \tag{2-96}$$

其中，Θ 为绝对温度；M_0 为纸中微水含量；A、B 为经验常数。

如果以聚合度下降到一定数值作为特征寿命终结，那么绝缘纸特征寿命为

$$\eta = \frac{C}{M_0} \exp\left(\frac{B}{\Theta_H + 273}\right) \tag{2-97}$$

其中，B、C 为经验常数。B 可以取经验值 15000，C 的值以绝缘纸加速老化试验的特征寿命数据进行参数估计可得到。

那么考虑温度与微水含量的 Weibull 分布的可靠度函数为

$$R_a(t \mid \Theta_H, M_0) = e^{-\left[\frac{M_0 t}{Ce^{B/(\Theta_H+273)}}\right]^\beta} \tag{2-98}$$

由特征参量监测值推算得到变压器等效运行时间 T_e 后，在未来短期 Δt 内计及温度与微水含量下绝缘纸发生老化失效的概率为

$$P_a = 1 - e^{\left(\frac{M_0 T_e}{Ce^{B/(\Theta_0+273)}}\right)^\beta - \left(\frac{M_0(T_e+\Delta t_e)}{Ce^{B/(\Theta_0+273)}}\right)^\beta} \tag{2-99}$$

目前微水的在线监测只是针对油中微水的监测,但人们真正关注的是绝缘纸中的微水含量,在监测油中微水含量和油温的同时可以根据 Oommen 或 Griffin 油纸水分平衡曲线来推算纸中的微水含量,如图 2-13 所示。

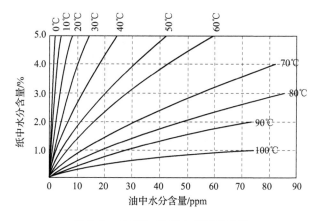

图 2-13　Griffin 油纸水分平衡曲线

5)算例分析

本算例采用额定容量为 400MVA 的强迫油循环风冷变压器,变压器热点温度模型参数如表 2-3 所示。

表 2-3　变压器热点温度模型参数

$\Delta\Theta_{TO,R}/℃$	$\Delta\Theta_{H,R}/℃$	R	τ_{TO}/h	τ_w/min	m	n
36.0	28.6	4.87	3.5	3	1.0	1.0

假定评估变压器内部系统偶然失效的特征参量均在注意值以内,视变压器内部系统整体健康状况良好,无正在发展的偶然性故障,内部系统发生偶然性故障的可能性很小。

表 2-4 给出了变压器短期可靠性模型的部分参数。

表 2-4　变压器短期可靠性模型参数

老化失效模型		偶然失效模型		过负荷保护动作模型	
参数	值	参数	值	参数	值
β	5.9	N/h	200	I_{set0}	1.5
B	15000	S/h	2	σ	0.045
C	1.903×10^{-12}	F	0.6	$\varepsilon/\%$	9
$\Theta_0/℃$	110	$\bar{\lambda}/yr^{-1}$	0.02	P_w	0
				P_z	1

表 2-4 中 β 为绝缘纸关于时间的 Weibull 寿命分布，Θ_0 为加速老化试验中给出的参考温度。偶然失效模型给出的是变压器外部部件与天气状况相关的偶然失效参数。参考条件下变压器老化失效的故障率如图 2-14 所示。

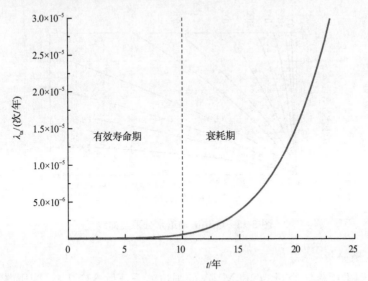

图 2-14　变压器老化失效故障率

图 2-15 给出了所要预测的未来一天之内的环境温度曲线、变压器负荷电流曲线以及相应计算得到的热点温度（HST）曲线。

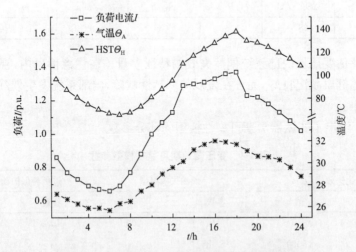

图 2-15　变压器负荷、环境温度及热点温度曲线

目前针对变压器老化失效时的特征参量值的统计工作并未开展，相关的模拟试验的数据有限且差异性较大，为了得到进行参数估计的样本数据，本书在参考各

规程、实际在线监测信息、加速老化试验、相关研究的基础上给出样本数据并定义了熵权赋值的评价矩阵,得到的参数估计值与权重值如表 2-5 所示。

表 2-5   特征参量参数估计与动态权重

特征参量		糠醛(Y_1)/(mg/L)	CO (Y_2)/(μL/L)	CO_2(Y_3)/(μL/L)	油酸(Y_4)/(mgKOH/g)
参数估计	η	4.94	1.54×10^3	1.06×10^4	3.34
	β	6.85	9.39	6.50	7.61
动态权重		0.39	0.16	0.23	0.22

对于那些无法得到油纸比例的变压器以及模型对现场的适用性较差时,通过增加 CO_2/CO 在评估中的权重来增加评估的可信度。关于 CO_2/CO 的注意值没有明确的规定,算例中暂不列入评估指标。微水含量在一天这样的短期内可认为是不变的,假定微水含量为参考值。

如果未来一天里天气状况预测为正常天气,而当前特征参量的在线监测值如表 2-6 所示。

表 2-6   当前特征参量监测值 I

糠醛/(mg/L)	CO/(μL/L)	CO_2/(μL/L)	油酸/(mgKOH/g)
1.00	500	2100	0.9

图 2-16 为基于当前特征参量监测值计算得到的未来 24h 内变压器发生三种停运模式的停运概率以及总的停运概率。

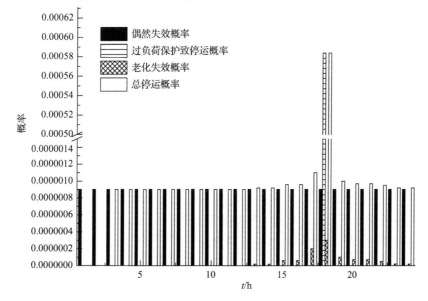

图 2-16   基于在线监测信息的变压器短期停运概率 I

　　如果当前特征参量监测值一样,但天气状况预测为恶劣天气,此时 24h 内三种停运模式的停运概率以及总的停运概率如图 2-17 所示。当前特征参量监测值如表 2-7 所示。

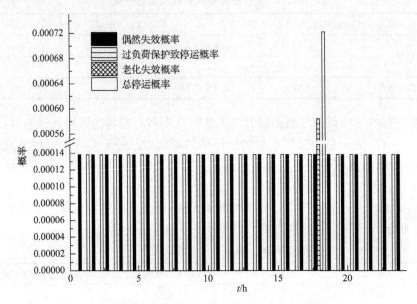

图 2-17　基于在线监测信息的变压器短期停运概率Ⅱ

表 2-7　当前特征参量监测值Ⅱ

糠醛/(mg/L)	CO/(µL/L)	CO$_2$/(µL/L)	油酸/(mgKOH/g)
4.60	1400	10000	3.00

　　正常天气状况下当前特征参量的在线监测值如图 2-18 所示。

　　基于本算例数据下的计算结果,可以得出以下几点结论。

　　(1) 天气状况对变压器故障概率的影响很大,恶劣天气状况下变压器器身外部部件故障概率远远大于正常天气状况下。

　　(2) 当负荷电流接近继电保护装置的触发值时,变压器因保护动作被切除的概率骤增。

　　(3) 与环境温度、负荷水平相关的热点温度对变压器老化失效概率有重要影响,也就是对绝缘纸的老化失效有明显促进作用。

　　(4) 变压器绝缘老化的特征参量的含量的多少对变压器老化失效概率有直接而重要的影响。当这些特征参量含量处于一个较高水平时反映了变压器绝缘纸的严重老化,此时老化失效成为变压器运行中最主要的故障隐患和最有可能的失效模式。

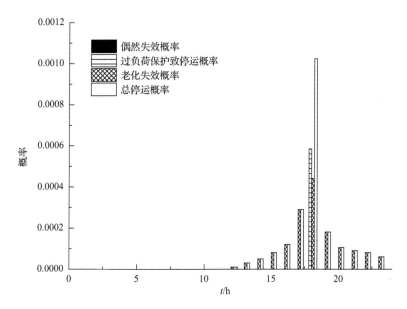

图 2-18　基于在线监测信息的变压器短期停运概率Ⅲ

2. 输电线老化失效模型

输电线路老化失效的主要原因是导线抗拉强度的损失,是一个逐渐积累和不可逆的过程。

理论分析及实验结果表明,高温导体的退火是导线抗拉强度损失的主要原因。架空输电导线温度主要取决于导线电流、环境温度、风速、风向、日照热量。

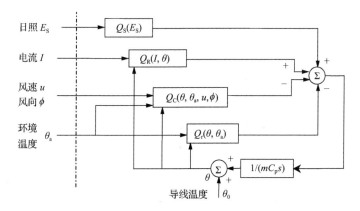

图 2-19　输电线温度模型

输电线温度模型如图 2-19 所示,计算导线温度的方程为

$$mC_p \frac{\partial \theta}{\partial t} = Q_R(I,\theta) + Q_s(E_s) - Q_c(\theta,\theta_a,u,\phi) - Q_r(\theta,\theta_a) \qquad (2\text{-}100)$$

其中,m 为单位长度导线质量,单位为 kg/m;C_p 为导线比热容,单位为 J/(kg·℃);I 为导线电流,单位为 A;θ 为导线温度,单位为℃;θ_0 为导线初始温度,单位为℃;θ_a 为环境温度,单位为℃;E_s 为太阳辐射功率密度,单位为 W/m²;u 为风速,单位为 m/s;ϕ 为风向和导线轴向的夹角,单位为(°);方程右侧各项计算公式如下。

(1) 导体电阻损耗的热量 Q_R(W/m),即

$$Q_R = I^2 R \qquad (2\text{-}101)$$

$$R = K_s \frac{\rho[1 + \alpha_t(\theta - 20)]}{S} \qquad (2\text{-}102)$$

其中,K_s 为导体集肤系数;ρ 为导体温度为 20℃时的直流电阻率,单位为 Ω·mm²/m;α_t 为 20℃时的电阻温度系数,单位为℃$^{-1}$;S 为导体的截面积,单位为 mm²。

(2) 太阳照射的热量 Q_s(W/m),即

$$Q_s = E_s A_s D \qquad (2\text{-}103)$$

其中,A_s 为导体对太阳照射量的吸收率;D 为导体外径,单位为 m。

(3) 对流传递的热量 Q_c(W/m),即

$$Q_c = \alpha_c(\theta - \theta_a)\pi D \qquad (2\text{-}104)$$

其中,α_c 为对流换热系数,单位为 W/(m²·℃):当风速 u 小于 0.2m/s 时,属于自然对流换热:

$$\alpha_c = 1.5(\theta - \theta_a)^{0.35} \qquad (2\text{-}105)$$

当风速 u 大于 0.2m/s 时,属于强迫对流换热:

$$\alpha_c = \frac{0.13\lambda}{D} \left(\frac{uD}{\nu}\right)^{0.65} [A + B(\sin\phi)^n] \qquad (2\text{-}106)$$

其中,λ 为空气导热系数,单位为 W/(m·℃);ν 为空气运动黏度系数,单位为 m²/s;A、B 和 n 为风速修正因子系数,当 $0°\leqslant\phi\leqslant24°$ 时,$A=0.42$,$B=0.68$,$n=1.08$;当 $24°<\phi\leqslant90°$ 时,$A=0.42$,$B=0.58$,$n=0.9$。

(4) 辐射传递的热量 Q_r(W/m),即

$$Q_r = 5.7 \times 10^{-8} \varepsilon [(273 + \theta)^4 - (173 + \theta_a)^4]\pi D \qquad (2\text{-}107)$$

其中,ε 为导体材料的相对辐射系数。

Morgan 经过大量的实验和数据分析,给出了输电线导体抗拉强度损失的经验公式,即

$$W = W_a \{ 1 - \mathrm{e}^{-\mathrm{e}^{[A + m \times \ln t + B \times \theta + C \times \ln(R/80)]}} \} \tag{2-108}$$

其中，W 为导线抗拉强度损失的百分比，即导线损失的强度与其初始强度的比值；W_a 为导线在完全退火情况下的抗拉强度损失值；θ 为导线的温度，单位为℃；t 为导线运行在该温度下的持续时间，单位为 h；A、B、C 和 R 为与导体材料属性相关的常数。

当导线抗拉强度损失达到 $W_{\max}$ 时，导线的服役寿命可视为结束，因此通过求解式，可得到输电线路的期望寿命 L_1，即

$$L_1 = \mathrm{e}^{\{\ln\ln[1/(1 - W_{\max}/W_a)] - A - B \times \theta - C \times \ln(R/80)\}/m} \tag{2-109}$$

令

$$P = B/m \tag{2-110}$$

$$Q = \mathrm{e}^{\{\ln\ln[1/(1 - W_{\max}/W_a)] - A - C \times \ln(R/80)\}/m} \tag{2-111}$$

则式（2-109）可以表示为

$$L_1 = Q\mathrm{e}^{-P\theta} \tag{2-112}$$

输电线路老化过程常用式（2-66）和（2-67）的 Weibull 分布描述。为了在分布中考虑温度的影响，令 $h = L_1$，则得到输电线路长期失效模型，其故障率和累积概率分布函数为

$$\lambda_{\mathrm{la}}(t \mid \theta) = \frac{\beta}{Q\mathrm{e}^{-P\theta}} \left(\frac{t}{Q\mathrm{e}^{-P\theta}} \right)^{\beta-1} \tag{2-113}$$

$$F_{\mathrm{la}}(t \mid \theta) = 1 - \mathrm{e}^{-[t/(Q\mathrm{e}^{-P\theta})]^{\beta}} \tag{2-114}$$

应该指出的是，参数 b 独立于温度 q。模型中的参数可通过导线加速寿命测试或失效数据记录来估计得到。

输电线路老化失效模型即计算输电线在服役了 T 时间后，在其后续时间区间 Δt 内发生失效的概率。为了便于模型的表述，这里先引入"输电线路等效运行时间"的概念。在服役时间 T 内，输电线路可能运行在不同的条件下。将服役期 T 划分为 n 个区间 $t_1, t_2, \cdots, t_n$，并认为每个区间 t_i 的导线温度 $\theta(t_i)$ 保持恒定。对于穿越多个气候区的输电线路，导线温度 $\theta(t_i)$ 取沿线温度最高值。

若导线在温度 $\theta(t_i)$ 下运行 t_i 时间的抗拉强度损失等于在最大设计温度 θ_{MDT} 下运行 t_{ei} 时间的抗拉强度损失，则称 t_{ei} 为 t_i 的等效运行时间，有如下关系：

$$t_{ei} = t_i \mathrm{e}^{P[\theta(t_i) - \theta_{\mathrm{MDT}}]} \tag{2-115}$$

等效服役时间 T_e 可计算为

$$T_e = \sum_{i=1}^{n} t_i e^{P[\theta(t_i) - \theta_{MDT}]} \tag{2-116}$$

后续时间区间 Δt 的等效运行时间可照此计算为 Δt_e。

根据条件概率的定义，输电线路在服役了 T 时间后，在其后续时间区间 Δt 内发生老化失效的概率为

$$P_{la} = \frac{F_{la}(T_e + \Delta t_e \mid \theta_{MDT}) - F_{la}(T_e \mid \theta_{MDT})}{1 - F_{la}(T_e \mid \theta_{MDT})} \tag{2-117}$$

得到输电线路的老化失效概率为

$$P_{la} = 1 - e^{[T_e/(Qe^{-P\theta}_{MDT})]^{\beta} - [(T_e + \Delta t_e)/(Qe^{-P\theta}_{MDT})]^{\beta}} \tag{2-118}$$

2.2.2　外部环境对设备停运概率的影响

除了老化失效模式，变压器和输电线的强迫停运还存在许多无法预测的因素，如变压器绕组、套管、分接开关、铁芯等部件的故障，设备设计缺陷，人为操作不当，维护不当，雷电侵袭，冰雪灾害，鸟害，兽害等。

对于置于室内的发电机和变压器，这些偶然失效对设备故障率的贡献可使用常数 λc 来表示，并通过设备停运的历史统计数据来获得。

对于暴露于室外的变压器和输电线路，其故障率与所处的天气情况有关。在雷雨、台风、飓风、冰雪等一些极度恶劣的天气条件下，设备的故障率大大增加。

1. 变压器受外部环境影响的停运概率

电力变压器短期偶然失效模型反映的是变压器处在难以预知的环境条件、外力作用等不确定性因素下呈现出未来短期可靠性水平的不确定性，难以通过历史的运行信息来评估偶然失效的发生概率。虽然变压器的偶然失效是由诸多偶然因素作用的结果，而这些偶然因素是难以预料的，但是变压器的失效表现形式主要还是各个部件和绝缘结构上的失效，因此偶然因素引发的变压器失效也并非都是无迹可寻的，通常能够通过对变压器运行状态的监测来发现因偶然因素导致内部系统的一些劣化迹象和故障隐患。但是变压器的运行状态的表征信息繁杂众多，而且状态信息之间具有模糊性和局限性，一方面难以进行全面的在线监测和准确的状态评估，另一方面也无法对突发性故障进行有效的预测。为了在目前有限的状态监测信息和预测信息下实现相对准确的变压器短期可靠性评估，建立一个有效的变压器短期偶然失效评估模型是关键，这也是本章旨在完成的工作。

1) 变压器组成与划分

油浸式电力变压器组成结构复杂，主要由器身、绕组、铁芯、绝缘油纸、套管、分

接开关、非电量保护系统、冷却系统等构成,每一个组件的故障都有可能导致变压器整体的停运。油浸式电力变压器结构划分如图 2-20 所示。

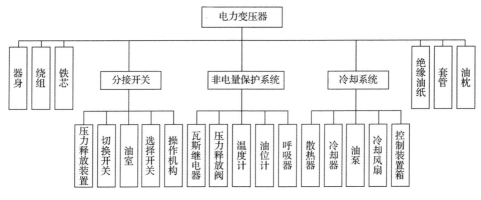

图 2-20　变压器结构划分

变压器状态信息来源包括检修试验数据、在线监测信息、常规和运行巡检信息等。检修时的试验数据不能反映变压器运行中的实时状态,而运行巡检往往只能得到一些表层的状态信息,难以作出准确的诊断。在线监测系统能够实时地提供能较好地表征变压器健康状况水平的状态信息,因此变压器运行可靠性评估应当充分地利用在线监测信息。

比起传统方法得到的状态信息,在线监测系统所提供的信息的价值最大,但比起传统的离线检修方法和仪器,在线监测技术和系统仍然不够成熟和完善,虽然油中气体在线监测系统已经得到较为普遍的应用,但是其他在线监测技术目前并未得到广泛的应用,换句话说,虽然在线监测技术应用价值很大,但是目前实际现场中能够得到的在线监测信息仍是相对有限和不全面的,因此,建立基于在线监测信息的变压器偶然失效模型也应考虑信息可用性的问题。

油中溶解气体主要是变压器器身内部故障发展过程的产物,对于变压器内部的过热性、放电性故障能通过油中气体的组成成分、含量、产气速率来得到较好的诊断,但是对于变压器外部发生的故障如套管、冷却系统、非电量保护装置、外部分接开关等器身外部的部件的异常与故障难以通过油中溶解气体来表征。局部放电监测主要监测的放电信号也是在变压器器身内部,而对器身外部部件的在线监测技术应用很少,因此出于建模的需要,本书将变压器组成划分为两个部分:一是变压器器身内部系统,主要包括铁芯、绕组、绝缘部件、引线等;二是变压器器身外部的部件,包括套管、冷却系统、保护装置、外部分接开关等。对于变压器器身内部系统的部分,以油中溶解气体的监测信息和局部放电信息(在有监测条件的情况下)作为状态特征量来评估器身内部发生偶然故障的可能性;对于变压器器身外部的部件,因暴露于外界环境当中,其故障的突发性、随机性要更强,对于放置在户外的变压器来说,其外部部件发生故障的可能性与所处的天气状况等外界因素密切相关,因此可以根据天气状况的不同来分状况描述外部部件发生故障的可能性。

2) 变压器内部系统偶然失效评估

(1) 评估特征参量选择与相对劣化度。

变压器器身内部故障发展过程中产生的气体主要包括 CH_4(甲烷)、C_2H_2(乙炔)、C_2H_4(乙烯)、C_2H_6(乙烷)、H_2、CO、CO_2 等,这些也是在线监测主要监测的气体,其中低分子气体 H_2 主要是局部过热、局部放电、电弧放电等情况下的气体产物,CO 和 CO_2 主要是固体绝缘材料老化的产物,当 CO、CO_2 的产气速率骤增时很有可能是固体材料局部老化的结果。根据偶然失效的形式(部件故障和局部绝缘迅速劣化),选取总烃含量(上述几个低分子烃含量总和)、氢气含量作为评估变压器内部状况的特征参量。另外,在某些情况下,虽然总烃与氢气监测含量并未超过注意值,但是监测值增长得很快,很可能是内部出现了新的突发性故障,应当引起重视,在《电力设备预防性试验规程》DL/T 596—1996 中就包含了关于变压器油中气体增长速率的细则:当开放式变压器总烃绝对产气速率大于 0.25ml/h 与密封式变压器总烃绝对产气速率大于 0.5ml/h 或者相对产气速率大于 10%/月时,可认为变压器存在异常,值得重视。此外,局部放电量也是一个能很好地反映变压器内部缺陷与故障的在线监测信息。

综上所述,选取油中气体监测信息的总烃含量、氢气含量、$(CO+CO_2)$产气速率、总烃绝对产气速率、总烃相对产气速率以及局部放电量(有局部放电监测系统的情况下)六个特征参量来评估变压器内部系统的健康状况。

为了反映监测的特征参量的异常程度,引入相对劣化度 l 这一指标,相对劣化度反映的是某个特征参量值偏离初始正常值的程度,相对劣化度 l 计算公式为

$$l(x)=\begin{cases}1, & x>x_m \\ \left[\dfrac{(x-x_0)}{(x_m-x_0)}\right]^k, & x_0\leqslant x\leqslant x_m \\ 0, & x<x_0\end{cases} \tag{2-119}$$

其中,x 为该特征参量的在线监测值;x_0 为该特征参量的初始正常值,小于 x_0 时表示该特征参量表征的状态处于最佳;x_m 为该特征参量的极限参考值,大于 x_m 时表示该特征参量表征的状态处于最劣;k 描述的是相对劣化度与特征参量值的关系可能的非线性关系,参数越接近极限值变化越陡,出于简化考虑,k 值取 1。

(2) 基于特征参量的变压器内部系统状态评估。

将变压器器身内部系统的健康状态分为四个级别,分别为良好状态、注意状态、严重状态、极端状态,依次以 C_1、C_2、C_3、C_4 来表示。

同时可以将在线监测的特征参量的相对劣化度划分成四个区间,分别对应变

压器内部系统的四个状态等级。但是由于选取了多个在线监测的特征参量来进行综合评估,而各个特征参量监测值可能表征了不同的状态等级,如总烃的监测值在正常范围之内,表征的是良好状态,但是总烃的增长速率过快,所表征的是严重的状态,那么应当将变压器内部健康状态归为哪个等级成为一个问题。此外,如某个特征参量监测值虽没达到注意值,但是距离注意值已很近,此时只是根据阈值来将其划分为良好状态也难以反映真实的故障风险。

为了解决上述问题,在此引入两个参数:隶属度 μ 和权重 ω。假设某个特征参量的相对劣化度被划分成了四个区间,分别为 $[0, l_1] = C_1$、$[l_1, l_2] = C_2$、$[l_2, l_3] = C_3$、$[l_3, 1] = C_4$,即四个区间分别对应变压器内部系统四个状态等级 C_1、C_2、C_3、C_4。隶属度可以描述当前的特征参量的相对劣化度与每个状态等级的关联程度,其取值区间为 $[0, 1]$,隶属度越接近于 1,说明对应的关联程度越高,反之越接近于 0 说明关联程度越低。特征量监测值与四个状态等级的隶属度集合可表示为 $U = \{\mu_1, \mu_2, \mu_3, \mu_4\}$,如图 2-21 所示,第 i 个特征参量值的状态等级隶属度集合可由下式计算:

$$U_i(l) = \begin{cases} \{1, 0, 0, 0\}, & l \leqslant l_1/2 \\[2mm] \left\{\dfrac{l_1 + l_2 - 2l}{l_2}, \dfrac{2l - l_1}{l_2}, 0, 0\right\}, & \dfrac{l_1}{2} < l \leqslant \dfrac{l_1 + l_2}{2} \\[2mm] \left\{0, \dfrac{l_2 + l_3 - 2l}{l_3 - l_1}, \dfrac{2l - l_1 - l_2}{l_3 - l_1}, 0\right\}, & \dfrac{l_1 + l_2}{2} < l \leqslant \dfrac{l_2 + l_3}{2} \\[2mm] \left\{0, 0, \dfrac{l_3 + 1 - 2l}{1 - l_1}, \dfrac{2l - l_2 - l_3}{1 - l_1}\right\}, & \dfrac{l_2 + l_3}{2} < l < \dfrac{l_3 + 1}{2} \\[2mm] \{0, 0, 0, 1\}, & l \geqslant (l_3 + 1)/2 \end{cases}$$

$$(2\text{-}120)$$

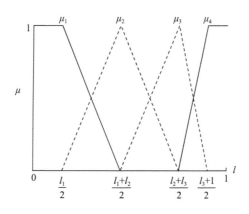

图 2-21　相对劣化度对状态等级的隶属度

权重 ω 是反映一个特征参量在综合状态评估当中相对重要程度的量值,通常各评估指标的权重 ω 是在专家组评价的基础上进一步分析处理的计算结果。那么在得到每个特征参量监测值的状态等级隶属度之后,综合的状态等级隶属度集合由下式计算:

$$U = \sum_{i=1}^{n} \omega_i U_i \qquad (2\text{-}121)$$

其中,n 表示总共有 n 个参与评估的特征参量;ω_i 表示第 i 个评估特征参量的权重;U_i 表示第 i 个评估特征参量监测值计算得到的状态等级隶属度集合。

(3)变压器内部偶然失效模式故障率。

当变压器器身内部系统处于不同的健康状态时,其发生故障的可能性是不同的,应当根据内部的健康状况来调整偶然失效模式下的故障率。由于偶然失效的多因性、复杂性、随机性,难以用数学模型来描述该模式下的故障率,故障率的预测通常基于历史统计数据。为了区分变压器内部系统不同健康状况水平下的可靠性参数的差异,需要通过分段统计计算得到不同变压器健康状况等级下的偶然失效模式故障率。

假设在实际运行中根据对电力变压器的统计结果,得到变压器内部系统四个健康状态等级,即良好状态、注意状态、严重状态、极端状态,出现的平均时间总长分别为 T_G、T_N、T_S、T_E,同时在四个健康状态等级下发生变压器内部系统故障致停运的事件次数分别为 F_G、F_N、F_S、F_E,而变压器统计平均故障率为 $\bar{\lambda}$,变压器器身内部故障占总故障比例为 P_{int},那么变压器在四个健康状态等级下的故障率分别为

$$\lambda_{int}(C) = \begin{cases} P_{int}\bar{\lambda}\dfrac{T_G+T_N+T_S+T_E}{T_G}\dfrac{F_G}{F_G+F_N+F_S+F_E}, & C=1 \\[3mm] P_{int}\bar{\lambda}\dfrac{T_G+T_N+T_S+T_E}{T_N}\dfrac{F_N}{F_G+F_N+F_S+F_E}, & C=2 \\[3mm] P_{int}\bar{\lambda}\dfrac{T_G+T_N+T_S+T_E}{T_S}\dfrac{F_S}{F_G+F_N+F_S+F_E}, & C=3 \\[3mm] P_{int}\bar{\lambda}\dfrac{T_G+T_N+T_S+T_E}{T_E}\dfrac{F_E}{F_G+F_N+F_S+F_E}, & C=4 \end{cases}$$

$$(2\text{-}122)$$

其中,C 表示变压器内部系统所处状态等级,$C=1\sim4$ 依次表示良好、注意、严重、极端四个状态。

在评估变压器内部系统当前偶然失效的故障率时,先根据当前在线监测信息计算出每个特征参量值对四个状态等级的隶属度集合 U_i,对各特征参量权重赋值

后计算综合的状态等级隶属度集合 U，变压器内部系统当前偶然失效的故障率由下式计算：

$$\lambda_{cint} = \sum_{i=1}^{n} \lambda_{int}(C = i)\mu_i \qquad (2\text{-}123)$$

根据当前在线监测信息预测未来短时间内变压器可靠性时认为短时间变压器内部系统状态等级不发生改变，即故障率认为不变，则变压器内部系统在未来时间内发生偶然失效的概率为

$$P_{cint} = 1 - e^{-\lambda_{cint}\Delta t} \qquad (2\text{-}124)$$

目前实际应用的在线监测系统的技术标准、规约上并没有实现统一化，采用的报警阈值、组合的报警策略也不尽相同，这给分级统计的工作带来了困难。为了得到一个初步的不同状态等级下的故障率，可以先基于油中总烃含量监测值来划分四个状态等级，总烃含量几个区间的阈值可以根据实际情况来确定，通过统计总烃含量处在各区间的时间比例，以及变压器内部故障时对应的总烃含量来估计各状态等级下的内部故障率。在尚未开展相应统计工作的目前，各个状态等级下的变压器内部偶然失效故障率可以根据已有的历史数据结合调度人员的运行经验先给出经验值。

3）变压器外部偶然失效评估

变压器外部偶然失效主要指变压器器身外部的部件、附件的故障。对于放置在户内的变压器，外界环境与外力作用对其的影响较小，其偶然失效的故障率可以取定值，若根据历史统计数据得到变压器器身外部故障占总故障的比例为 P_{ext}，那么其户内变压器外部偶然失效故障率取

$$\lambda_{ext} = P_{ext}\bar{\lambda} \qquad (2\text{-}125)$$

对于放置在户外的变压器，因暴露于外界环境当中，其故障的突发性、随机性要更强，其外部部件发生故障的概率与所处的天气状况等外界因素密切相关，在一些极端恶劣的天气状况（如严重的雷电、暴雨、冰雪、台风等）下，这些外部部件发生故障的可能性急剧增大。因此可以根据天气状况的不同来分情况描述外部部件发生故障的可能性。对于天气状况的恶劣程度可以划分为多个状态等级，估计每个状态等级下的故障率。鉴于天气类型的差异性和天气预报有限的准确性，将天气状况划分为两个等级，分别为正常天气和恶劣天气。若在历史统计数据中正常天气出现的总时间为 T_N，恶劣天气出现的总时间为 T_S，而发生在恶劣天气状况下的故障次数占总故障次数的比例为 F，那么考虑天气状况下的变压器外部偶然失效的故障率为

$$\lambda_{\mathrm{cext}}(w) = \begin{cases} \bar{\lambda} \dfrac{T_N + T_S}{T_N}(1-F), & w = 0 \\[3mm] \bar{\lambda} \dfrac{T_N + T_S}{T_S}F, & w = 1 \end{cases} \tag{2-126}$$

其中,w 表示天气状况,$w = 0$ 时为正常天气,$w = 1$ 时为恶劣天气。

认为未来短期内天气状况不变,则变压器内部系统在未来时间内发生偶然失效的概率为

$$P_{\mathrm{cext}} = 1 - \mathrm{e}^{-\lambda_{\mathrm{cext}}\Delta t} \tag{2-127}$$

综合前面所述的变压器外部系统故障率,可得到变压器偶然失效模式的故障率为

$$P_{\mathrm{c}} = P_{\mathrm{cint}} + P_{\mathrm{cext}} = 2 - \mathrm{e}^{-\lambda_{\mathrm{cint}}\Delta t} - \mathrm{e}^{-\lambda_{\mathrm{cext}}\Delta t} \tag{2-128}$$

2. 输电线受外部环境影响的停运概率

恶劣气候状况是导致线路故障的主要原因之一。因此如何保证在冰灾等极端恶劣的气候条件下输电网络的正常工作是一个亟待解决的问题。尽管在大多数地区极端恶劣气候并不常见,但是由于其引起的严重后果,包括引起电力系统输电线路大面积的停运率增加,以及有限的人力物力维修资源在极端恶劣气候条件下引起的修复时间增加。因此如何在恶劣气候条件下进行输电线路停运率的建模是分析气候条件对电网可靠性影响的重要前提。

恶劣气候条件对线路停运率的影响机理如图 2-22 所示,利用气象学模型分析在恶劣气候条件下电力系统输电线路所承载的风力载荷和冰力载荷;根据载荷、线路服役时间以及载荷设计值之间的关系计算相对应的停运率,从而进行输电线路

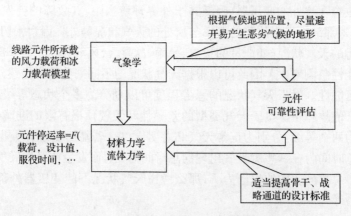

图 2-22　气候影响的线路停运率建模方法

的可靠性评估。从气象学的角度分析,根据气候地理位置,避开易产生恶劣气候的地形,可提高电力系统输电线路的可靠性;另一方面,从材料力学的角度出发,适当提高骨干、战略通道的设计标准,也可提高输电线路的可用率。

输电塔-线体系主要包括输电杆塔、传输线和绝缘子等组成部分,根据湖南省与浙江省电网受灾情况分析可知,极端恶劣气候引起的输电塔-线体系故障表现为以下四种方式:①由档距、高差和不均匀荷载引起纵向不平衡张力,档距差过大时,导线覆冰造成铁塔前后档导线的张力差急剧增加,高差角过大时,导线覆冰造成铁塔承受的垂直荷载增加,而不平衡张力致使铁塔失稳;②导线覆冰产生的冰力载荷使得输电线路首先故障断线,从而引起相邻杆塔故障倒塌,一般表现为侧塌;③冰力载荷和风力载荷共同作用或者导线不均匀覆冰将会引起覆冰舞动(galloping),在覆冰的冰力载荷下,当风力的舞动频率与线路自然频率发生共振时,引起输电塔-线体系停运率增加,其表现形式一般不是输电塔-线体系的直接倒塌,而是产生急剧增大的应力疲劳;④线路绝缘子严重覆冰,导致频繁冰闪跳闸。一方面由于覆冰中存在的电解质大大增加了冰水的电导率;另一方面,绝缘子串覆冰过厚会减小爬距从而降低冰闪电压。综上所述,天气相依的偶然失效模型的三个考虑因素分别为雷击、风力、冰力。

1) 雷击对设备停运概率的影响

关于雷击故障率的算法,通常有规程法和电气几何模型法。课题基于杆塔类型、地形、地闪密度等因素,在规程法的基础上提出了一种计算雷电天气条件下输电线路故障率 λ 的方法。

(1) 计算地闪密度 N_g。

我国的电力行业标准中地闪密度的计算公式为

$$N_g = \gamma T_d \tag{2-129}$$

其中,T_d 为雷暴日;γ 为每平方公里每个雷暴日的地面落雷次数。

(2) 雷电流幅值超过 I 的概率 P。

根据电力行业标准 DL/T620—1997 中的推荐,我国一般地区雷电流幅值超过 I(单位为 kA,下同)的概率可按照如下的经验公式计算:

$$P = 10^{-\frac{I}{A}} \tag{2-130}$$

其中,A 为经验值,与该地区的雷电流幅值大小有关,可以根据雷电流幅值分布表中的数据拟合获得。在数据不完备的情况下,根据地区多雷或少雷的情况可以选择标准中的推荐值 88 或 44。

(3) 计算反击耐雷水平 I_1 和绕击耐雷水平 I_2。

由于中国电力行业标准给出的反击耐雷水平算式较为复杂,书中采用了基于接地电阻的统计方法的计算方式,其基本思想是利用历史数据进行数据分析并拟合反击耐雷水平与接地电阻间的关系。一方面它简化了计算反击耐雷水平的过程,另一方面也能够充分考虑到运行经验的影响:

$$I_1 = AR^{-B} \tag{2-131}$$

其中,A 和 B 均为拟合常数;R 为接地电阻的大小。

绕击耐雷水平 I_2 仍然采用标准给出的以下式子给出计算结果:

$$I_2 = \frac{U_{50\%}}{100} \tag{2-132}$$

在得到上述两种耐雷水平 I_1 和 I_2 后,可以根据式(2-130)计算得到当地雷电流幅值超过两者的概率 P_1、P_2。

(4)雷电绕击率 P_a。

线路运行经验等表明,避雷线的绕击率通常与杆塔高度 h、避雷线对边导线的保护角 α 以及线路通过的地形有着密切的关系,可通过式(2-133)计算得到:

$$\lg P_a = \frac{\alpha \sqrt{h}}{86} - B \tag{2-133}$$

其中,B 为与地形相关的参数,对于平原和山区分别取为 3.9 和 3.35。

(5)击杆率 g。

击杆率 g 通常与地形和避雷线根数有关。对于本书中的输电线路,其避雷线根数通常为两根,因此对于平原和山区,击杆率分别取为 1/6 和 1/4。

(6)建弧率 η。

建弧率通常由输电线路运行经验给出,也可通过式(2-134)计算得到:

$$\eta = (4.5E^{0.75} - 14) \times 10^{-2} \tag{2-134}$$

其中,E 为绝缘子串的平均电压(有效值)梯度,其大小与杆塔种类、系统接地方式、电压等级、绝缘子串的放电距离有关。对于 220kV 双避雷线的酒杯型铁塔,可取 $\eta=0.8$。

(7)雷击故障率。

雷击故障率采用式(2-135)计算得到:

$$\lambda_T^* = 0.1N_g(b+4h)\eta(gP_1 + P_aP_2) \tag{2-135}$$

其中,b 为两根避雷线的间距;h 为导线或避雷线的平均高度;η、g、P_a 分别为建弧率、击杆率和绕击率。

(8)线路总雷击故障率。

对于一条线路,可能穿越 n 个不同地闪密度的雷电区域,因此,其总的雷击故

障率为

$$\lambda_{\mathrm{T}} = \sum_{i=1}^{n} \lambda_{\mathrm{Ti}}^{*} L_i \qquad (2\text{-}136)$$

其中，L_i 为各段线路的长度。

2）大风对设备停运概率的影响

线路故障率在风速较低（风力等级 5 级及以下，$V<10\mathrm{m/s}$）的情况下较小，可近似看为常数，其故障率通常与线路自身的参数有关；而在风速较高（风力等级 6 级及以上，$V>10\mathrm{m/s}$）的情况下，故障率明显上升，并且有呈线性增长的趋势。因此，针对上述故障率变化情况，对风速较低和较高情况下的输电线路故障率进行了分段拟合。其中，第一段风速较低（$V<10\mathrm{m/s}$）情况下的线路故障率为常数，可取为当地平稳天气情况下的平均风速对应的故障率，也可取为第二段拟合直线在 $V=10\mathrm{m/s}$ 下的值；第二段风速较高（$V>10\mathrm{m/s}$）的情况下，绘出不同气象等级下的平均风速及对应故障率点进行拟合，发现直线拟合效果最好（R-square＝0.9963），如图 2-23 所示。

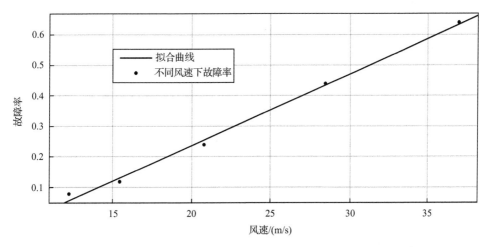

图 2-23　不同风速条件下故障率拟合曲线

基于上述分析过程，针对上述的故障率数据，建立起基于风速的故障率模型，即

$$\lambda_w = \begin{cases} 0.0124, & V \leqslant 10 \\ 0.02295V - 0.2171, & V > 10 \end{cases} \qquad (2\text{-}137)$$

对于其他某一地区的线路故障率模型，也可以采用同样的方式建立，如式（2-138）所示，其中 a、b 分别为拟合常数，V_c 为风速的临界值，通常可以根据该地区不同风速条件下的故障率统计数据人为拟定：

$$\lambda^* \mathrm{w} = \begin{cases} aV_\mathrm{c} - b, & V \leqslant V_\mathrm{c} \\ aV - b, & V > V_\mathrm{c} \end{cases} \tag{2-138}$$

对于一条长距离输电线路,其线路走廊的各部分输电线路可能处在不同的风速环境中,可以将线路分为 N 段,获得 N 段线路的环境风速,整条线路的大风致停运故障率可表示为

$$\lambda_\mathrm{w} = \sum_{i=1}^{N} \lambda_{\mathrm{Wi}}^* L_i \tag{2-139}$$

3) 冰力对设备停运概率的影响

(1) 冰力载荷。

冰力载荷不仅是杆塔设计时的一个重要参照标准,也是输电网络中确定某条具体输电线的线路选择(route selection)时的影响因素。由于对输电塔-线体系产生实质影响的冰力载荷对应的恶劣气候出现频率较低,再加上冰力载荷不像风力载荷那样可以通过气象观测站的测量数据获得,所以目前各个国家的实际电网对冰力载荷的统计数据并不齐全,实际工程应用中认为,要建立可靠的冰力载荷数据库,至少需要十年以上的现场测量数据统计。

本节着重介绍根据气象学模型预测冰力载荷的验证方法,已有很多学者做出了相应的研究工作,通常选取空气湿度、降水率、液态水含量、风速风向和空气温度等参数作为模型的输入。对导线覆冰机理的研究至少需要解决两个问题,一是覆冰的判别准则,即导线在什么样的气象条件之下开始覆冰?因为导线开始覆冰后其力学性能和空气动力学特性均要发生较大变化。这些变化对杆塔的安全性和相间距离构成影响。二是覆冰的增长模型,即在一定的气象条件之下,经过一段时间以后,导线上可能产生的覆冰重量,因为覆冰重量和冰力载荷对线路停运率影响很大。

① Broström 载荷模型。

对于某段输电线路 (x_j, y_j) 所承受的载荷与气候强度以及距离气候中心的距离相关:

$$L_1(x_j, y_j, t) = A \cdot \exp\left(-\left(\left(\frac{x_j - \mu_x(t)}{\sigma_x}\right)^2 + \left(\frac{y_j - \mu_y(t)}{\sigma_y}\right)^2\right)\Big/2\right) \tag{2-140}$$

其中, A 为气候严重程度; $\mu_x(t)$、$\mu_y(t)$ 是随着时间移动的气候中心。

某段输电线路 (x_j, y_j) 上冰力载荷 $L_1(t)$ 不仅与气候强度以及距离气候中心的距离相关,同时还与气候持续的时间相关,因为输电线路上积冰是一个时间累积的过程。因此冰力载荷 $L_1(t)$ 可表示为积分表达式,其随时间的变化曲线如图2-24所示。

$$L_1(x_j, y_j, t) = \int_0^t A_3 \cdot \exp\left(-\left(\left(\frac{x_j - \mu_x(u)}{\sigma_x}\right)^2 + \left(\frac{y_j - \mu_y(u)}{\sigma_y}\right)^2\right)\Big/2\right) du$$

$$(2\text{-}141)$$

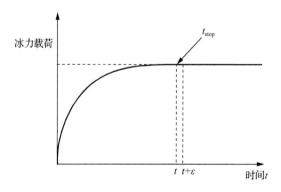

图 2-24　冰力载荷的累积过程

图 2-24 中 t_{stop} 定义为对于足够小的时间正数 ε，当 t 时段对应的 $L_1(t)$ 等于 $t+\varepsilon$ 时段对应的 $L_1(t+\varepsilon)$ 时，可认为 $L_1(t)$ 为此段输电线路上的最大冰力载荷，而时段 t 即为积分停止时段，即 t_{stop}。

②改进模型。

改进模型考虑垂直和水平方向降水量对覆冰厚度的影响。首先假设随着线路段与低压气候中心 $(x_c(t), y_c(t))$ 的距离增加，降水率 $P(x_j, y_j, t)$（mm/h）逐渐减少，并且超过低压气候影响半径 R_{ice} 之外，降水率为 0：

$$P(x_j, y_j, t) = \begin{cases} A_{\text{I}} \cdot \exp\left(-\dfrac{1}{30000} \cdot (x_j - x_c(t))^2 + (y_j - y_c(t))^2\right), \\ \qquad\qquad (x_j - x_c(t))^2 + (y_j - y_c(t))^2 < R_{\text{ice}}^2 \\ 0, \qquad\quad (x_j - x_c(t))^2 + (y_j - y_c(t))^2 \geqslant R_{\text{ice}}^2 \end{cases}$$

$$(2\text{-}142)$$

其中，A_{I} 为常数，在计算出降水率之后，分别从垂直和水平方向求解单位时间内的区域降水流量。

垂直方向的降水流量可表示为

$$F_{\text{v}} = P(x_j, y_j, t) \cdot \rho_{\text{w}} \tag{2-143}$$

其中，ρ_{w} 为水密度，单位为 g/cm^3。

假设水平方向平均风速 $V_{\text{h,mean}} = 0.7 W_\beta(t) V_{\text{max}}$，则水平方向的降水流量为

$$F_{\text{h}} = 3.6 V_{\text{h,mean}} \cdot v(t) \tag{2-144}$$

其中，$v(t)$ 是液态水含量，液态水含量与降水率之间的关系可近似表示为

$$v(t) = 0.072 \cdot P\,(x_j,y_j,t)^{0.88} \tag{2-145}$$

因此总的降水流量为

$$F = \sqrt{F_{\text{v}}^2 + F_{\text{h}}^2} = \sqrt{P\,(x_j,y_j,t)^2 \cdot \rho_{\text{w}}^2 + (3.6 \cdot V_{\text{h,mean}} \cdot v(t))^2} \tag{2-146}$$

根据总的降水流量 F，导线上均匀覆冰时的厚度 ΔR（mm/h）可表示为

$$\Delta R(x_j,y_j,t) = \frac{F}{\pi \cdot \rho_i}$$

$$= \sqrt{P\,(x_j,y_j,t)^2 \cdot \rho_{\text{w}}^2 + (3.6 \cdot V_{\text{h,mean}} \cdot v(t))^2}/(\pi \cdot \rho_i) \tag{2-147}$$

随着时间增加，每个时间步长内导线上均匀覆冰的冰力载荷变化为

$$L_{\text{I}}(x_j,y_j,t) = L_{\text{I}}(x_j,y_j,t-\Delta t) + \Delta R(x_j,y_j,t-\Delta t) \cdot \Delta t \tag{2-148}$$

（2）气候条件相依停运概率模型。

常规可靠性研究是基于统计数据的元件可靠性参数，在评估电力系统可靠性水平时假设其元件的停运率和修复率均为常数，不随时间和外界环境的变化而变化。然而，大多数元件的停运率随着时变影响因素的变化而变化，例如，在恶劣气候条件下，输电线路的停运率和修复时间会随着恶劣气候强度的增加而增加。虽然恶劣气候仅在一年中的某一段时间内发生，但在这一时间段内，输电线路的停运率将会急剧增加，同时，由于恶劣气候的影响，再加上检修人力和物力资源的限制，修复时间也会大大增加，因此，短期内恶劣气候对电力系统可靠性的评估结果有很大的影响。本章从运行可靠性的角度出发，对恶劣气候条件下线路的停运率进行模糊建模。

系统的不确定性主要有两种不同的表现形式：随机性和模糊性。随机性的不确定因素（如负荷预测）可以用概率模型来表述；模糊性是指不服从任何分布而存在于原始数据中的不确定性因素。由于气候条件的恶劣程度可用模糊语言较好地表达，在统计数据缺失的情况下输电线路停运率模糊建模是一个较好的选择。

对于与气候条件相对应的风力载荷和冰力载荷，作为数值变量建立隶属度函数。而语言变量，如元件的运行状态良好、系统的鲁棒性强等，由于没有数值论域，如何定义模糊集的隶属函数便成为问题。对于风力载荷和冰力载荷，则根据历史统计数据进行量化，当两种载荷共同影响线路停运率时，选取受影响较大的隶属度值。

模糊推理系统是建立在模糊集合论、模糊 if-then 规则和模糊推理等基础上的计算框架。在模糊规则的基础上，本章采用 Mamdani 型的模糊推理方法，其模糊推理算法采用极小运算规则定义模糊表达关系，如规则：

R：If x is A then y is B.

其中，x 为输入变量；A 为推理前件的模糊集合；y 为输出变量（包括数值变量和语言变量，本章中风力载荷和冰力载荷对应的输出量为数值变量，线路潮流水平对应的输出量为语言变量）；B 为模糊规则的后件，一个具有单一前件的广义假言推理可以表述为前提 1（事实）：x 是 A'；前提 2（规则）：如果 x 是 A，则 y 是 B；后件（结论）：y 是 B'。

Mamdani 的关系生成算法取为 min 运算（$\wedge$），推理合成算法取为 max-min 复合运算（$\vee$），u 为隶属度函数：

$$u_{B'}(y) = (\vee_x(u_{A'}(x) \wedge u_A(x))) \wedge u_B(y) \tag{2-149}$$

对于一个简单二输入（x_1,x_2）Mamdani 系统，假设：

R_m：If x_1 is $A_{1,i}$ and x_2 is $A_{2,j}$ then y is B_m.

R_{m-1}：If x_1 is $A_{1,i-1}$ and x_2 is $A_{2,j-1}$ then y is B_{m-1}.

采用 max-min 合成算法的示意图如图 2-25 所示。

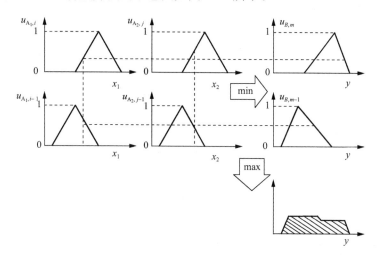

图 2-25　Mamdani 方法的模糊推理

由模糊推理得到的是模糊输出量，因此还需要进行去模糊化，转换成精确值，这个过程称为解模糊化。解模糊化的方法很多，常用的有最大隶属度法、加权平均法、取中位数法等。

本章采用最大隶属度法解模糊化，即在推理结论的模糊集合中选取隶属度最大的那个元素作为输出量。设模糊推理输出如图 2-25 中阴影所示，其隶属度最大的元素 y^* 就是精确化所得的对应精确值，且有

$$u_B(y^*) \geqslant u_B(y), \quad y \in Y \tag{2-150}$$

其中,Y 为输出变量的论域。若仅有一个,则选取该值作为控制量,若有多个(数量为 N),且有 $y_1^* \leqslant y_2^* \leqslant \cdots \leqslant y_N^*$,则选取它们的平均值作为控制量,即取

$$y^* = \frac{1}{N} \sum_{i=1}^{N} y_i^* \tag{2-151}$$

通过模糊推理系统可以得到考虑覆冰条件下的元件综合故障率。如果在短时间 Δt 内天气情况保持不变,那么设备故障率也不变,可认为运行时间服从指数分布。

那么,输电线路在 Δt 内发生偶然失效的概率为

$$P_{lc} = 1 - e^{-\lambda_{lc}(w)\Delta t} \tag{2-152}$$

其中,λ_{lc} 为输电线路的偶然失效故障率。

3. 受外部环境多种因素影响的湖南省电网设备停运概率研究

1) 设备规模统计

湖南省某地区 220kV 及以上电网设备规模如表 2-8 所示。

表 2-8　某地区 220kV 及以上电网设备规模

项目	2012 年		2013 年		2014 年	
发电机组	249 台	26242MW	264 台	28322MW	280 台	28957MW
500kV 变电站	17 座		17 座		17 座	
500kV 变压器	27 台	21500MV·A	27 台	21500MV·A	27 台	21500MV·A
500kV 线路	48 条	3773km	49 条	3940km	50 条	3973km
220kV 变电站	158 座		168 座		189 座	
220kV 变压器	317 台	39984MV·A	334 台	43274MV·A	388 台	47013MV·A
220kV 线路	396 条	12474km	416 条	12920km	460 条	13756km

(1) 2012 年电网规模。

到 2012 年年底,统调机组 249 台(其中 1 个风电场按 1 台机组统计),统调装机容量 26242MW。500kV 变电站 17 座,500kV 变压器 27 台,容量 21500MV·A。220kV 变电站 158 座,220kV 变压器 317 台,容量 39984MV·A,其中用户专用变电站 28 座,220kV 变压器 95 台,容量 7130MVA。500kV 线路 48 条,长度 3773km。220kV 线路 396 条,长度 12474km,其中用户专用线路 56 条,长度 927km。

(2) 2013 年电网规模。

到 2013 年年底,500kV 变电站 17 座,500kV 变压器 27 台,容量 21500MV・A,容量同比持平。220kV 变电站 168 座,220kV 变压器 334 台,容量 43274MV・A,容量同比增长 8.08％,其中用户专用变电站 27 座,220kV 变压器 93 台,容量 6644MV・A,容量同比持平。500kV 线路 49 条,长度 3940km,长度同比增长 4.42％。220kV 线路 416 条,长度 12920km,长度同比增长 3.58％,其中用户专用线路 55 条,长度 850km。

(3) 2014 年电网规模。

到 2014 年年底,500kV 变电站 17 座,500kV 变压器 27 台,容量 21500MV・A,容量同比持平。220kV 变电站 189 座,220kV 变压器 388 台,容量 47013MV・A,容量同比增长 8.64％,其中用户专用变电站 39 座,220kV 变压器 136 台,容量 8403MV・A,容量同比增长 26.47％。500kV 线路 50 条,长度 3973km,长度同比增长 0.84％。220kV 线路 460 条,长度 13756km,长度同比增长 6.47％,其中用户专用线路 79 条,长度 1358km,长度同比增长 59.76％。

2) 设备停运概率分析

2012～2014 年,湖南省某地区 500kV 线路故障停运共 67 次,故障停运时间合计 99.34h;年均故障停运次数 22.33 次/年,年均故障停运时间合计 33.11h/年;故障停运率为 0.57 次/(百公里・年),平均修复时间为 1.48h/次;220kV 线路故障停运共 32 次,故障停运时间合计 16.55h;年均故障停运次数 10.67 次/年,年均故障停运时间合计 5.52h/年;故障停运率为 0.08 次/(百公里・年),平均修复时间为 0.51h/次,如表 2-9 和图 2-26、图 2-27 所示。

表 2-9　2012～2014 年某地区覆冰导致的故障停运情况

电压等级	年份	线路规模/回	线路长度/km	故障停运次数/(次/年)	故障停运时间/(h/年)	故障停运率/[次/百公里・年]	修复时间/(h/次)
500kV 线路	2012	48	3773	22	26.53	0.58	1.21
	2013	49	3940	22	30.33	0.56	1.38
	2014	50	3973	23	42.48	0.58	1.85
	平均	—	—	22.33	33.11	0.57	1.48
220kV 线路	2012	396	12474	9	5.28	0.07	0.59
	2013	416	12920	11	11.27	0.09	1.02
	2014	460	13756	12	0	0.09	0
	平均	—	—	10.67	5.52	0.08	0.51

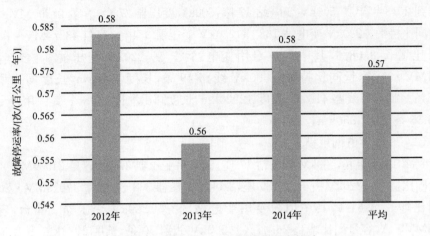

图 2-26 2012~2014 年故障停运率统计

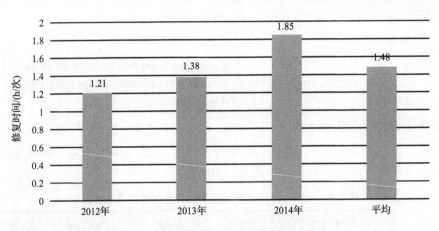

图 2-27 2012~2014 年故障修复时间统计

3）电网故障原因分析

该地区 2009~2014 年 220kV 输电线路故障停运共 149 次，情况如表 2-10 所示。雷电约占 54%，大风约占 9%，冰害 1 次。其他（外力破坏、鸟害、污闪、设计施工问题等）合计约占 37%。

表 2-10 某地区 220kV 输电线路故障情况

故障成因	雷电	冰害	大风	其他
故障次数	80	1	13	55

注：表中大风主要指风偏和飑线风，其他主要有外力破坏、鸟害、污闪、设计不周、施工质量等。

表 2-11　某地区 220kV 输电线路雷击跳闸成因

雷击成因	绕击	反击	不明
2009～2011 年	22	2	31
2012～2014 年	20	5	0
合计/次	42	7	31

注:雷击成因不明是指故障记录表中没有相应的具体成因记录。

从表 2-12 中的数据可以看出,2009～2014 年造成该地区 220kV 输电线路故障的天气因素主要为雷电和大风。雷电的具体成因来看,造成该地区 220kV 输电线路雷击跳闸的成因则主要为绕击。雷电、大风天气和线路总的输电线路故障率(线路总长度以 2014 年度的长度为标准进行计算),如表 2-12 所示。

表 2-12　某地区 220kV 输电线路故障停运率

故障原因	故障停运次数	故障停运率/[次/(百公里·年)]
大风	13	0.01575
雷电	80	0.09692
冰害	1	0.00121
其他情况	55	0.06664
合计	149	0.18052

表 2-12 中没有给出来的输电线路可靠性数据还有输电线路停运持续时间等相关停运后果分析。基于以上该地区 220kV 输电网络的故障分析过程,为了减少恶劣天气情况对输电线路故障的影响,有必要根据雷电和大风故障的成因建立起雷电和大风致停运的运行可靠性模型。

4) 基于统计数据的湖南 220kV 电网故障率验算

下面以 220kV 电网输电线路为例,对本书提出的天气相依的运行可靠性模型进行算例分析,主要内容为利用模型估算省级 220kV 网络的输电线路雷击故障率。大风致停运的故障模型在本节没有考虑,原因是利用一个平均风速标准来估算全省的大风致停运故障率是没有意义的。

雷击跳闸致停运可靠性模型的参数如表 2-13 所示,表中选取了 ZM6-23.7 型杆塔的部分典型参数。

对表 2-13 中的参数进行雷击故障率的计算分析,计算结果如表 2-14 所示。

计算结果和统计结果相比误差较小,原因可能是这一组杆塔参数能够作为湖南 220kV 电网的雷击故障率典型参数。当表中的杆塔参数有一定的误差时,如杆塔反击耐雷水平发生改变时,故障率会出现较大偏差,原因主要有以下几点:

表 2-13　雷击故障致停运模型参数

可靠性模型参数	数值
卫星观测地闪密度 N_g/(次/km^2)	1.5
经验常数 A	88
反击耐雷水平/kA	140
绝缘子 50% 冲击击穿电压 $U_{50\%}$/kV	1750
避雷线之间的距离 b	11.6
导线平均高度 h/m	23.7
建弧率 η	0.8
击杆率 g	平原 1/6,山区 1/4
避雷线对边导线的保护角 α/(°)	11.7

表 2-14　雷击故障率模型和统计结果比较

模型计算结果	2012~2014 年统计结果	相对误差
0.05941	0.06058	0.117%

（1）卫星观测地闪密度的值对计算结果有较大的影响。

（2）书中只选取了一组典型输电线路杆塔的参数,这一组参数的绕击耐雷水平和反击耐雷水平不能等同于全省所有杆塔的参数。

（3）对地形参数的选取过程中假设输电线路全国平原地区。

（4）雷击故障统计结果中故障次数往往是由少部分地闪密度较高的线路产生的。

因此可以看出,由一组数据估算全省雷击故障率的大小存在一定的误差。

2.2.3　系统运行条件对设备停运概率的影响

1. 电流相依的过负荷保护动作模型

过负荷跳闸所引起的元件相继断开是一类可造成大面积停电的连锁故障。发电机、变压器和输电线路都装设有过负荷保护,然而保护装置的触发值的误差使得保护动作切除设备存在不确定性。

过负荷继电保护系统主要由保护电流互感器和继电保护装置构成。一方面,保护电流互感器的电流测量值存在误差,误差范围由该电流互感器的准确级决定;另一方面,继电保护装置的触发值也存在误差,国标给出了继电器装置极限误差的试验方法,实际产品的极限误差在 ±6% 左右。设整个保护系统存在的触发电流值 I_{set} 误差为 $\pm\varepsilon$,并服从均值为 I_{set0},标准差为 σ,范围为 $[I_{set0}(1-\varepsilon),I_{set0}(1+\varepsilon)]$ 的截尾正态分布,其密度函数为

$$f(I_{\text{set}}) = \begin{cases} 0, & I_{\text{set}} \notin \left[I_{\text{set 0}}(1-\varepsilon), I_{\text{set 0}}(1+\varepsilon) \right] \\ \dfrac{1}{a\sigma\sqrt{2\pi}}\exp\left[-\dfrac{(I_{\text{set}}-I_{\text{set 0}})^2}{2\sigma^2}\right], & I_{\text{set}} \in \left[I_{\text{set 0}}(1-\varepsilon), I_{\text{set 0}}(1+\varepsilon) \right] \end{cases}$$

(2-153)

$$a = \phi\left(\frac{\varepsilon I_{\text{set 0}}}{\sigma}\right) - \phi\left(\frac{-\varepsilon I_{\text{set 0}}}{\sigma}\right)$$

其中,ϕ 为标准正态分布函数。

令 I 为设备的负荷电流,事件 $A=\{$保护动作切除设备$\}$,事件 $B_1=\{I \geqslant I_{\text{set}}\}$,事件 $B_2=\{I < I_{\text{set}}\}$,那么根据条件概率有

$$P(A) = P(A \mid B_1)P(B_1) + P(A \mid B_2)P(B_2)$$

(2-154)

其中,$P(A)$ 就是过负荷保护动作导致设备停运的概率 P_r;$P(A|B_1)$ 就是保护正确动作的概率 P_z;$P(A|B_2)$ 就是保护误动作的概率 P_w,P_z 和 P_w 可通过统计分析得到。

根据式(2-154)可知:当 $I < I_{\text{set}0}(1-\varepsilon)$ 时,$P(B_1)=0$,$P(B_2)=1$,有

$$P_r(I) = P_w$$

(2-155)

当 $I > I_{\text{set}0}(1+\varepsilon)$ 时,$P(B_1)=1$,$P(B_2)=0$,有

$$P_r(I) = P_z$$

(2-156)

当 $I_{\text{set}0}(1-\varepsilon) \leqslant I \leqslant I_{\text{set}0}(1+\varepsilon)$ 时,有

$$P_r(I) = P_z\int_{I_{\text{set}0}(1-\varepsilon)}^{I} f(I_{\text{set}})\,\mathrm{d}I_{\text{set}} + P_w\int_{I}^{I_{\text{set}0}(1+\varepsilon)} f(I_{\text{set}})\,\mathrm{d}I_{\text{set}}$$

(2-157)

可将式(2-155)～式(2-157)描述为如图 2-28 所示的曲线。

2. 基于传输潮流的线路停运概率模型

线路潮流增加会导致线路停运概率增大,主要原因是:①随着线路潮流的增加,输电线路的发热量增加,如果线路长时间处于高温下,线路会逐渐失去机械强度;同时导体在高温时会膨胀,增加线路的弧垂,降低离地的高度,如果线路潮流持续增加,长时间超过线路热稳定极限,线路会发热熔断;②当线路潮流大于热稳定极限时,线路的过负荷、过电流保护装置会动作,其动作时限与线路的潮流大小有关,如图 2-29 所示(图中 L_{dz} 是线路的热稳定极限),潮流 L 越大,保护动作时间的整定值 t 越小,采取控制措施成功降低线路潮流到正常值范围的可能性越小,线路

跳闸退出运行的概率就越大。

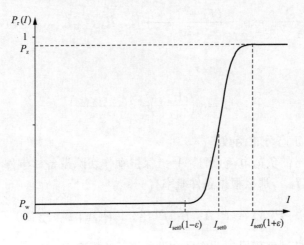

图 2-28　过负荷保护动作模型

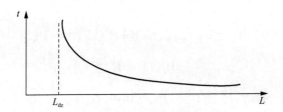

图 2-29　反时限过负荷继电器的整定时间特性曲线

但是在实际的线路可靠性数据统计工作中,没有按照潮流的大小分段统计线路的停运概率,无法获得停运概率与潮流的关系表达式。作者根据以下假设条件拟合线路停运概率随潮流变化的曲线 $P_1(L)$,如图 2-30 所示。

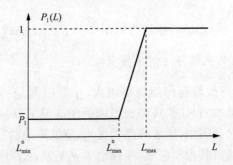

图 2-30　基于传输潮流的线路停运概率模型

（1）当线路潮流在正常值范围内时，潮流对线路停运概率的影响很小，线路停运概率 $P_1(L)$ 取为统计值 $\bar{P}_1$，如下：

$$P_1(L) = \bar{P}_1 \quad L_{\min}^{n} \leqslant L \leqslant L_{\max}^{n} \tag{2-158}$$

其中，$L_{\min}^{n}$、$L_{\max}^{n}$ 分别为线路潮流正常值的下限与上限。

实际上，元件停运概率的统计平均值应该是随运行条件变化的停运概率的数学期望值，因为元件在绝大部分时间内都运行在正常工作区域内，所以元件在正常运行区域的停运概率小于统计值，且接近于统计值，为了分析方便，暂取为统计值。

（2）当线路潮流大于等于极限值 $L_{\max}$ 时，线路发热熔断或过负荷保护装置动作，线路停运概率为 1，如下：

$$P_1(L) = 1, L \geqslant L_{\max} \tag{2-159}$$

（3）当线路潮流在正常值与极限值之间时，线路熔断或保护装置动作的概率随线路潮流的增加而增大，采用直线拟合线路停运概率，如下：

$$P_1(L) = \frac{1 - \bar{P}_1}{L_{\max} - L_{\max}^{n}} \times L + \frac{\bar{P}_1 \times L_{\max} - L_{\max}^{n}}{L_{\max} - L_{\max}^{n}}, \quad L_{\max}^{n} \leqslant L \leqslant L_{\max} \tag{2-160}$$

3. 基于频率、电压的发电机停运概率模型

当频率、电压升高或降低到保护整定值时，发电机保护装置（低周保护、高周保护、低压保护或过电压保护）动作，并且随着频率、电压越限程度的加深，发电机保护的动作时限减小，发电机跳闸退出运行的概率增大。

与线路停运概率分析同理，进行以下假设。

（1）当发电机频率 F_g 在正常值范围内时，频率对发电机停运概率的影响很小，发电机停运概率 $P_g(F_g)$ 取为统计值 $\bar{P}_g$，如下：

$$P_g(F_g) = \bar{P}_g \quad F_{g,\min}^{n} \leqslant F_g \leqslant F_{g,\max}^{n} \tag{2-161}$$

其中，$F_{g,\min}^{n}$、$F_{g,\max}^{n}$ 分别为发电机频率正常值的下限与上限。

（2）当发电机频率越过极限值时，发电机保护装置动作，发电机停运概率为 1，如下：

$$\begin{cases} P_g(F_g) = 1, & F_g \geqslant F_{g\,\max} \\ P_g(F_g) = 1, & F_g \leqslant F_{g,\min} \end{cases} \tag{2-162}$$

其中，$F_{g,\max}$、$F_{g,\min}$ 分别为发电机频率的上限值与下限值。

（3）当发电机频率在正常值与极限值之间时，发电机保护装置动作的概率随

频率趋近于极限值而增大，采用直线拟合发电机停运概率，如下：

$$\begin{cases} P_g(F_g) = \dfrac{1-\bar{P}_g}{F_{g,\max}-F_{g,\max}^n} \times F_g + \dfrac{\bar{P}_g \times F_{g,\max}-F_{g,\max}^n}{F_{g,\max}-F_{g,\max}^n}, & F_{g,\max}^n \leqslant F_g \leqslant F_{g,\max} \\[3mm] P_g(F_g) = \dfrac{\bar{P}_g-1}{F_{g,\min}-F_{g,\min}^n} \times F_g + \dfrac{F_{g,\min}^n-\bar{P}_g \times F_{g,\min}}{F_{g,\min}-F_{g,\min}^n}, & F_{g,\min} \leqslant F_g \leqslant F_{g,\min}^n \end{cases}$$

$$(2\text{-}163)$$

根据以上假设，可以得到发电机停运概率随频率变化的曲线，如图 2-31 所示。

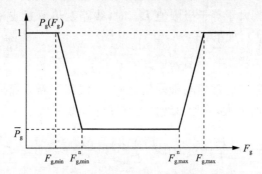

图 2-31　基于频率的发电机停运概率模型

同理，可以得到发电机停运概率随机端电压 V_g 变化的表达式，如下：

$$P_g(V_g) = \bar{P}_g \quad V_{g,\min}^n \leqslant V_g \leqslant V_{g,\max}^n \tag{2-164}$$

$$\begin{cases} P_g(V_g) = 1, & V_g \geqslant V_{g,\max} \\ P_g(V_g) = 1, & V_g \leqslant V_{g,\min} \end{cases} \tag{2-165}$$

$$\begin{cases} P_g(V_g) = \dfrac{(1-\bar{P}_g) \times V_g}{V_{g,\max}-V_{g,\max}^n} + \dfrac{\bar{P}_g \times V_{g,\max}-V_{g,\max}^n}{V_{g,\max}-V_{g,\max}^n}, & V_{g,\max}^n \leqslant V_g \leqslant V_{g,\max} \\[3mm] P_g(V_g) = \dfrac{(\bar{P}_g-1) \times V_g}{V_{g,\min}^n-V_{g,\min}} + \dfrac{V_{g,\min}^n-\bar{P}_g \times V_{g,\min}}{V_{g,\min}^n-V_{g,\min}}, & V_{g,\min} \leqslant V_g \leqslant V_{g,\min}^n \end{cases}$$

$$(2\text{-}166)$$

其中，$V_{g,\min}^n$、$V_{g,\max}^n$ 分别为发电机电压正常值的下限与上限；$V_{g,\max}$、$V_{g,\min}$ 分别为发电机电压上限值与下限值。

发电机停运概率随机端电压变化的曲线如图 2-32 所示。

考虑到发电机停运概率受频率和电压两个因素的影响，其中任何一个因素到达极限值都会导致发电机的停运概率为 1，因此定义发电机停运概率为

$$P_g(F_g, V_g) = \max\{P_g(F_g), P_g(V_g)\} \tag{2-167}$$

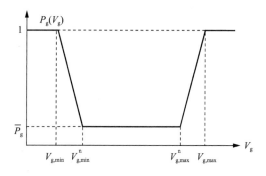

图 2-32　基于机端电压的发电机停运概率模型

4. 基于频率、母线电压的负荷停运概率模型

如果频率、电压降到保护或减载装置的整定值以下,则低频、低压减载装置(或负荷的自动保护装置)将动作,切掉负荷。

与线路、发电机的停运概率分析同理,负荷停运概率 P_d 随系统频率 F_d 变化的关系如下列公式所示:

$$P_d(F_d) = 0, F_d \geqslant F_{d,min}^n \tag{2-168}$$

$$P_d(F_d) = 1, \ F_d \leqslant F_{d,min} \tag{2-169}$$

$$P_d(F_d) = \frac{1}{F_{d,min} - F_{d,min}^n} \times F_d + \frac{F_{d,min}^n}{F_{d,min}^n - F_{d,min}}, \quad F_{d,min} \leqslant F_d \leqslant F_{d,min}^n \tag{2-170}$$

其中,$F_{d,min}^n$ 是负荷频率正常值的下限;$F_{d,min}$ 是系统频率的下限值。

负荷停运概率随系统频率变化的曲线 $P_d(F_d)$ 如图 2-33 所示。

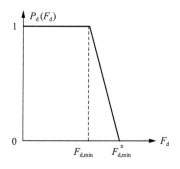

图 2-33　基于频率的负荷停运概率模型

负荷停运概率与母线电压 V_d 的关系如下列公式所示：

$$P_d(V_d) = 0, \quad V_d \geqslant V_{d,min}^n \tag{2-171}$$

$$P_d(V_d) = 1, \quad V_d \leqslant V_{d,min} \tag{2-172}$$

$$P_d(V_d) = \frac{1}{V_{d,min} - V_{d,min}^n} \times V_d + \frac{V_{d,min}^n}{V_{d,min}^n - V_{d,min}}, \quad V_{d,min} \leqslant V_d \leqslant V_{d,min}^n \tag{2-173}$$

其中，$V_{d,min}^n$ 为负荷母线电压正常值的下限；$V_{d,min}$ 为负荷电压下限值。

负荷停运概率随母线电压变化的曲线 $P_d(V_d)$ 如图 2-34 所示。

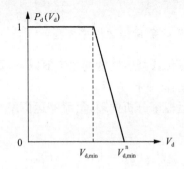

图 2-34　基于母线电压的负荷停运概率模型

与发电机停运概率的定义相似，定义负荷停运概率为

$$P_d(F_d, V_d) = \max\{P_d(F_d), P_d(V_d)\} \tag{2-174}$$

2.3　融合自身健康状况、外部环境和系统运行条件的设备停运概率数学模型

2.3.1　融合外部环境和系统运行条件的停运概率建模方法

1. 模糊推理系统理论概述

系统的不确定性主要有两种不同的表现形式：随机性和模糊性。随机性的不确定因素（如负荷预测）可以用概率模型来表述；模糊性是指不服从任何分布而存在于原始数据中的不确定性因素。由于气候条件的恶劣程度可用模糊语言较好地表达，在统计数据缺失的情况下输电线路停运率模糊建模是一个较好的选择[27,28]。

与气候条件相对应的风力载荷和冰力载荷作为数值变量建立隶属度函数。而语言变量，如元件的运行状态良好、系统的鲁棒性强等，由于没有数值论域，如何定义模糊集的隶属函数便成为问题。对于风力载荷和冰力载荷,则根据历史统计数据进行量化,当两种载荷共同影响线路停运率时,选取受影响较大的隶属度值。

模糊推理系统是建立在模糊集合论、模糊 if-then 规则和模糊推理等基础上的计算框架。在模糊规则的基础上,本章采用 Mamdani 型的模糊推理方法,其模糊推理算法采用极小运算规则定义模糊表达关系,如规则:

$$R: \text{If } x \text{ is } A \text{ then } y \text{ is } B.$$

其中,x 为输入变量;A 为推理前件的模糊集合;y 为输出变量(包括数值变量和语言变量,本章中风力载荷和冰力载荷对应的输出量为数值变量,线路潮流水平对应的输出量为语言变量);B 为模糊规则的后件,一个具有单一前件的广义假言推理可以表述为前提 1(事实):x 是 A';前提 2(规则):如果 x 是 A,则 y 是 B;后件(结论):y 是 B'。

Mamdani 的关系生成算法取为 min 运算($\wedge$),推理合成算法取为 max-min 复合运算($\vee$),u 为隶属度函数:

$$u_{B'}(y) = (\bigvee_x (u_{A'}(x) \wedge u_A(x))) \wedge u_B(y) \tag{2-175}$$

对于一个简单二输入(x_1, x_2)Mamdani 系统,假设:

R_m: If x_1 is A_1, i and x_2 is A_2, j then y is B_m.

R_{m-1}: If x_1 is $A_1, i-1$ and x_2 is $A_2, j-1$ then y is B_{m-1}.

采用 max-min 合成算法的示意图如图 2-35 所示。

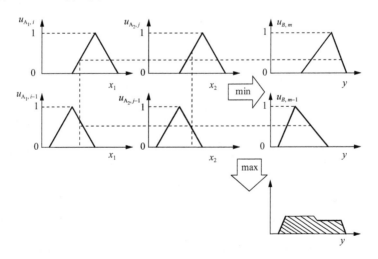

图 2-35 Mamdani 方法的模糊推理

由模糊推理得到的是模糊输出量,因此还需要进行去模糊化,转换成精确值,这个过程称为解模糊化。解模糊化的方法很多,常用的有最大隶属度法、加权平均法、取中位数法等。

本章采用最大隶属度法解模糊化,即在推理结论的模糊集合中选取隶属度最大的元素作为输出量。设模糊推理输出如图 2-36 中阴影所示,其隶属度最大的元素 y^* 就是精确化所得的对应精确值,且有

$$u_B(y^*) \geqslant u_B(y), \quad y \in Y \tag{2-176}$$

其中,Y 为输出变量的论域。若仅有一个,则选取该值作为控制量,若有多个(数量为 N),且有 $y_1^* \leqslant y_2^* \leqslant \cdots \leqslant y_N^*$,则选取它们的平均值作为控制量,即取

$$y^* = \frac{1}{N}\sum_{i=1}^{N} y_i^* \tag{2-177}$$

2. 基于模糊推理系统的外部环境和系统运行条件的融合建模方法

本节在外部环境(风力、冰力载荷)的基础上,考虑了系统运行条件(输电线路潮流)所融合在一起对设备停运概率的影响。具体建模考虑的三个因素分别为风力载荷、冰力载荷和线路潮流水平。根据之前的研究,将单一因素对设备停运概率的影响建模,根据统计数据将恶劣气候条件下风力载荷、冰力载荷与输电线路停运率之间的确定性模型模糊化;在此基础上加入线路潮流水平,构建风力载荷、冰力载荷和线路潮流水平三输入变量的停运率模糊 if-then 规则和模糊推理系统;为了便于分析气候条件相依的线路停运率模型对互联系统可靠性水平的影响,需要对模糊推理结果进行解模糊化得到在某种运行条件下线路停运率的精确值。根据上述线路受环境影响的条件相依停运率,分别求解互联系统区域发电可靠性的变化并分析极端气候条件引起线路停运率变化对互联电力系统可靠性的影响。

考虑到统计值的误差和各段载荷区间的精确性,本章将每段载荷区间模糊化以表达线路停运率随着载荷增加,随着线路潮流水平增加而上升的趋势。因此,定义逻辑变量 WL 表征输电线路的风力载荷,其隶属度函数 T_{WL} 定义为:

T_{WL}＝{小于等于 0.9dlw;大约 0.95dlw;大约 1.05dlw;大约 1.15dlw;大约 1.35dlw;大于等于 1.5dlw}

其中,dlw 为风力载荷的设计值,在工程实际中,输电线路的设计采用年度最大风速为设计阈值的依据。在不同气候条件下,输电塔-线体系上承担的风力载荷也不相同,因此在输电塔-线体系上产生不同的停运率。根据隶属度函数的定义,可将风力载荷隶属度函数绘制如图 2-36 所示。

同时定义与风力载荷相对应的输电线路停运率逻辑变量 RFRWL,表征输电线路的停运率大小,单位是"次/(小时·50km)",其隶属度函数 TRFRWL 定义为

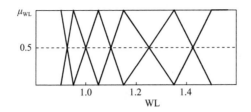

图 2-36 风力载荷隶属度函数

$T_{RFRWL} = \{$大约 10^{-5}；大约 8×10^{-4}；大约 0.005；大约 0.006；大约 0.03；大于等于 $0.04\}$

根据隶属度函数的定义，可将风力载荷对应停运率的隶属度函数绘制如图 2-37所示。

通过上述 if-then 规则可以描述风力载荷对输电线路停运率的影响，例如，如果 WL 近似为 $0.95dlw$，则 RFRWL 近似为 4.205；如果 WL 近似为 $1.05dlw$，则 RFRWL 近似为 26.28。

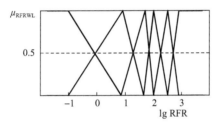

图 2-37 风力载荷对应停运率的隶属度函数

同样定义逻辑变量 IL 表征输电线路的冰力载荷，其隶属度函数 T_{IL} 定义为：

$T_{IL} = \{$小于等于 $0.3dli$；大约 $0.4dli$；大约 $0.7dli$；大约 $0.95dli$；大约 $1.05dli$；大约 $1.15dli$；大约 $1.35dli$；大于等于 $1.5dli\}$

其中，dli 为冰力载荷的设计值。根据隶属度函数的定义，可将冰力载荷隶属度函数绘制如图 2-38 所示。

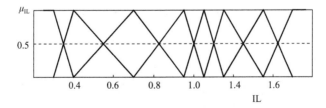

图 2-38 冰力载荷隶属度函数

同时定义与冰力载荷相对应的输电线路停运率逻辑变量 RFRIL,表征输电线路的停运率大小,单位也是"次/(小时·50km)",其隶属度函数 T_{RFRIL} 定义为:

T_{RFRIL} ={大约 0;大约 4.5×10^{-3};大约 0.01;大约 0.015;大约 0.03;大约 0.05;大约 0.07;大于等于 0.1}

根据隶属度函数的定义,可将冰力载荷对应停运率的隶属度函数绘制如图 2-39 所示。

通过上述 if-then 规则可以描述冰力载荷对输电线路停运率的影响,例如,如果 IL 近似为 1.05dli,则 RFRIL 近似为 157.68;如果 IL 近似为 1.15dli,则 RFRIL 近似为 262.80。

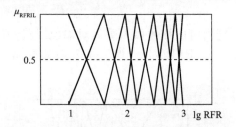

图 2-39　冰力载荷对应停运率的隶属度函数

由上述载荷表达式可知,电网规划中尽量避开易产生冰灾的地形可以改善上述模型中的风力载荷和冰力载荷函数 $L_w(\cdot)$、$L_i(\cdot)$;而"提高骨干、战略通道的设计标准"可改变模糊推理规则的停运率隶属度函数。

输电线路过载会导致线路的停运,假设线路过载水平在额定值的 110% 以下时,其停运率较低;当过载水平超过额定值 110% 以上时,其停运率迅速增加。对于输电线路潮流水平对其停运率的影响,实际运行中没有充分有效的数据来支持停运率建模,但是可以通过模糊规则来表示这一关系。

逻辑变量 LOL 和 RFRLOL 分别表征输电线路的过载水平和停运率,其隶属度函数分别为

$$T_{LOL} =\{小于等于额定值的 110\%;大于额定值的 110\%\}$$
$$T_{RFRLOL} =\{正常停运率值;较高停运率值\}$$

其 if-then 规则可以描述过载水平对输电线路停运率的影响:如果 LOL 小于等于额定值的 110%,则 RFRLOL 为正常停运率值;如果 LOL 大于额定值的 110%,则 RFRLOL 为较高停运率值;如图 2-40 所示。

对于多输入变量的模糊推理系统,需要定义独立的模糊推理规则。对于输电线路停运率模糊建模,则有 96(6×8×2) 个独立的模糊推理规则。模糊 if-then 规则是停运率模糊建模的关键所在,不同的系统运行方式和运行人员的经验判断差

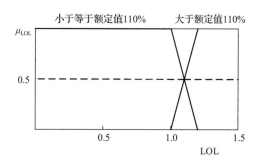

图 2-40　线路潮流水平隶属度函数

异都会改变模糊规则。根据上述逻辑变量的隶属度函数,按照以下原则建立模糊推理规则。

(1) 风力载荷、冰力载荷是输电线路停运率建模最重要的两个影响因素。若这两个输入变量分别对应不同的停运率隶属度,则取停运率较大的隶属度值。

(2) 输电线路潮流水平为定性分析线路停运率的模糊变量,因此本章采取如下建模原则:当假定风力载荷小于等于 $1.15dl_w$ 且冰力载荷小于等于 $0.95dl_i$ 时,此时若线路潮流水平的模糊输入为"大于额定值的 110%",则在风力载荷、冰力载荷对应停运率的基础上乘以 2;当风力载荷大于等于 $1.35dl_w$ 或冰力载荷小于等于 $1.05dl_i$ 时,此时气候条件成为影响线路停运率的主导因素,因此不管线路潮流水平的模糊输入处于什么水平,停运率隶属度仍为风力载荷、冰力载荷对应的停运率。

通过上述描述,可以建立如下 if-then 规则表征风力载荷、冰力载荷和线路潮流水平对输电线路停运率的影响,如下。

规则 1:当风力载荷小于等于 $0.9dl_w$,冰力载荷小于等于 $0.3dl_i$,且线路潮流水平小于等于额定值的 110% 时,每 30km 的线路段停运率大约为 $10^{-5} \cdot 8760 \cdot 30/50 = 0.05256$ 次/年。

规则 2:当风力载荷小于等于 $0.9dl_w$,冰力载荷小于等于 $0.3dl_i$,且线路潮流水平大于额定值的 110% 时,每 30km 的线路段停运率大约为 0.10512 次/年。

……

规则 96:当风力载荷大于等于 $1.5dl_w$,冰力载荷大于等于 $1.5dl_i$,且线路潮流水平大于额定值的 110% 时,每 30km 的线路段停运率约为 525.60 次/年。

根据上述模糊规则,风力载荷、冰力载荷和潮流水平三个输入变量的停运率 Mamdani 推理过程如图 2-41 所示,最后在此基础上解模糊化即可求解恶劣气候条件下的线路确切停运率。

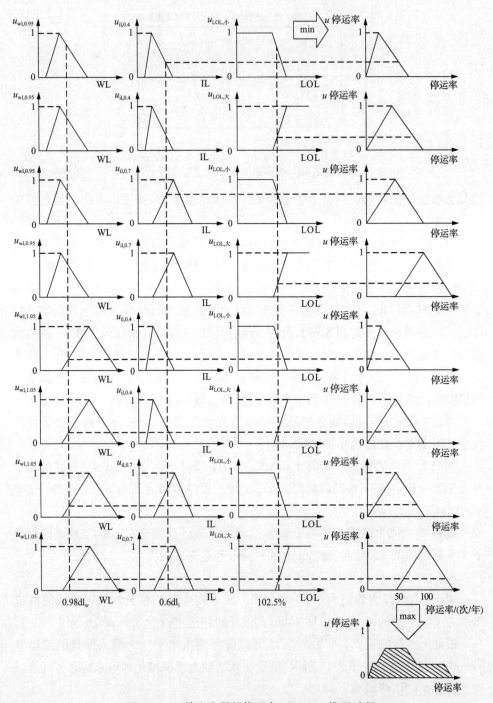

图 2-41　三输入变量的停运率 Mamdani 推理过程

2.3.2　融合自身健康状况、外部环境和系统运行条件的设备停运概率建模方法

如 2.3.1 节所示,融合外部环境和系统运行条件的设备停运模型可以用 P_f 来描述,虽然规则比较复杂。再考虑设备自身的健康状况,即可将三种因素一起融合到设备停运概率中, $P_{综合} = 1 - (1 - P_f)(1 - P_a)$。

针对目前电网短期可靠性评估的实际需求,以及建模方面存在的主要问题,本章建立了条件相依的元件短期可靠性模型,考虑了天气状况、环境温度、风速、风向、日照热量、负荷水平、服役时间等运行条件对元件停运概率的影响。该模型由时间相依的老化失效模型、天气相依的偶然失效模型和系统不同运行条件下的设备停运概率模型三部分构成。运行条件与各部分模型之间的关系如图 2-42 所示。该模型综合反映了运行条件和研究的时间尺度对元件停运概率的影响,可应用于元件的运行风险评估和电力系统运行可靠性评估,帮助调度人员在短期运行规划和在线运行中作出合理的决策。

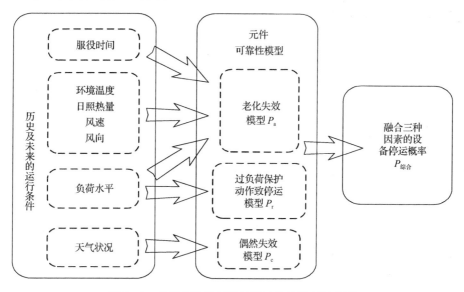

图 2-42　条件相依的元件短期可靠性模型示意图

例如,对于变压器和输电线路而言,老化失效、偶然失效和过负荷保护动作致停运这三类停运模式的机理是不同的,停运事件相互独立。从可靠性的角度看,三种停运模式具有逻辑串联的关系,因此变压器和输电线的可靠性模型可表示为

$$P_t = 1 - (1 - P_{ta})(1 - P_{tc})(1 - P_r) \tag{2-178}$$

$$P_l = 1 - (1 - P_{la})(1 - P_{lc})(1 - P_r) \tag{2-179}$$

其中, P_t 和 P_l 分别为变压器和输电线的停运概率; P_{ta} 体现了历史及未来的环境温

度、负荷水平和服役时间对变压器的老化失效的影响；P_{tc}体现了天气状况对变压器偶然失效的影响；P_{la}体现了历史及未来的环境温度、风速、风向、日照热量、负荷水平和服役时间对线路老化失效的影响；P_{lc}体现了天气状况对线路偶然失效的影响；P_r体现了负荷电流对设备过负荷停运的影响。

1. 基于证据理论的多因素融合方法

证据理论是在 Dempster 研究的基础上，由他的学生 Shafer 在 1976 年进行系统化和理论化从而形成的，也称为 Dempster-Shafer 证据理论（Dempster-Shafer Evidence Theory，DSET）。

1) 识别框架（frame of discernment）

DSET 是在一个离散集合中展开的，这个离散集合称为识别框架，记为 Θ。离散集合 Θ 是由一系列相互独立与相互排斥的有限个判别假设组成的。Θ 包含了描述对象的所有可能的判别假设。例如，对于 X 表示"小于 5 的正整数"的命题，其识别框架 $\Theta = \{1,2,3,4,5\}$，$\{1\}$ 表示"X 值是 1"，$\{1,3,5\}$ 则表示"小于 5 的正整数是奇数"。对于不同的判断假设，就可以对应不同的离散集合的子集。

假设 Θ 由 n 个相互独立与相互排斥的互不相容的判别假设组成，则有

$$\Theta = \{q_1, q_2, \cdots, q_n\} \tag{2-180}$$

其中，$q_i (i = 1, \cdots, n)$ 称为识别框架中第 i 个基本判别假设；n 为构成判别假设的元素个数。

DSET 是在识别框架的幂集上运算的，而识别框架的幂集记为 2^Θ。2^Θ 中每个组成元素称为 Θ 的一个基元。那么 2^Θ 可以表示为

$$2^\Theta = \{\{\varnothing\}, \{q_1\}, \cdots, \{q_1, q_2, q_3\}, \cdots, \{q_1, q_2, \cdots, q_n\}\} \tag{2-181}$$

其中，$\varnothing$ 表示空集。当识别框架有 n 个元素时，它的幂集含有 2^Θ 个元素。在 2^Θ 中，只包含一个元素的基元称为单子集。

2) 基本信任分配函数（Basic Probability Assignment，BPA）

给定识别框架后，就要区分识别框架中的各个基元。那么如何通过证据来区分这些基元呢？在 DSET 中定义了基本信任分配函数来描述基元之间的差异性。

定义 2-1　设 Θ 为识别框架，$\forall X \subseteq \Theta, m(X)$ 表示用 $[0,1]$ 区间上一个确定值来赋予 2^Θ 中每一个元素，即 $m(X) : 2^\Theta \rightarrow [0,1]$，满足

$$\begin{aligned}&(1)\ m(\varnothing) = 0 \\ &(2)\ \sum_{X \in 2^\Theta} m(X) = 1\end{aligned} \tag{2-182}$$

其中，$m(X)$ 称为基元的 BPA。

这种映射是把 Θ 中任意一个基元映射为 $[0,1]$ 上的一个数 $m(X)$，表示对基元 X 的精确信任程度。$m(\varnothing)$ 表示对于空集的 BPA 为零。但这种条件并不是在所有情况下都被认可的。$\sum_{X \in 2^{\Theta}} m(X) = 1$ 表示对所有 Θ 的幂集 2^{Θ} 中，全部基元的和为 1，保证所有基元 BPA 的归一性。

从定义中可以得出，BPA 既可以给一个单子集分配信任，也可以给判别假设的子集赋予信任，即当 $X \subset \Theta$，且基元是单子集时，$m(X)$ 表示对 X 精确信任；当含有多个假设元素时，$m(X)$ 也是对整个基元的精确信任，但是不能确定这部分在这些假设元素之间怎么分配。这与概率论中的概率定义是有区别的。$m(X)$ 是 2^{Θ} 上而非 Θ 上的，所以不是概率，同时 $m(X) \neq 1 - m(\bar{X})$，即不满足概率的可加性。$m(\Theta)$ 表示不确定性的程度，也可以称为对于命题的无知程度。例如，$m(\Theta) = m(X_1, X_2, \cdots, X_n) = 0.6$，表示对于基元 $X_1, X_2, \cdots, X_n$ 的信任为 0.6，即表示对于基元的无知程度为 0.6。当证据对于基元 X_i 和 X_j 没有办法识别时，这部分信任用 $m(X_i, X_j)$ 来表示。当 $m(\Theta) = 1$ 时，表示确定知道结果在识别框架中，但不知道是哪一个基元，这也表示了对命题的总的不确定度。

定义 2-2　如果 $m(X) > 0$，则称基元 X 为焦元。所有焦元的并称为 BPA 的核。把 BPA 的核称为一个证据体（Body of Evidence，BOE）。对于命题的多个 BOE，可以记为

$$(\psi_i, m_i) = \{[X_i, m_i(X_i)] \mid X_i \subseteq \Theta, m_i(X_i) \geqslant 0\}, \quad i = 1, \cdots, k$$

其中，k 表示 BOE 的个数；X_i 表示第 i 个 BOE 中的焦元。

3）信任函数（belief function）

定义 2-3　设 Θ 为识别框架，$\mathrm{Bel}: 2^{\Theta} \to [0,1]$，$\forall X \subseteq \Theta$ 满足

$$\mathrm{Bel}(X) = \sum_{Y \subseteq X, X \subseteq \Theta} m(Y) \tag{2-183}$$

满足

$$\begin{aligned} \mathrm{Bel}(\varnothing) &= 0 \\ \mathrm{Bel}(\Theta) &= 1 \end{aligned} \tag{2-184}$$

则称 $\mathrm{Bel}(X)$ 为基元 X 的信任函数，表示对基元 X 的所有信任，即 X 中全部子集对应的和。

从 $\mathrm{Bel}(X)$ 的定义可知，$\mathrm{Bel}(X)$ 与 BPA 是不同的。$\mathrm{Bel}(X)$ 表示对于基元 X 和它的所有子集的和，而 BPA 仅表示对基元 X 的信任水平。当且仅当基元 X 没有子集和它所包含的子集的 BPA 均为零时，$\mathrm{Bel}(X)$ 与 BPA 才相等。

在概率论中普遍遵循的一个原则是概率的可列可加性，且满足基元事件的概

率和它的逆事件的概率之和为 1。但是在实际中,特别是在知识不足时,这种归一性的要求是不合理的。在 DSET 中,Shafer 提出了半可加性原则。

定理 2-1 对于 $\forall n, n \in \{$正整数$\}, X_1, X_2, \cdots, X_n \subseteq \Theta$, 有

$$\mathrm{Bel}(X_1 \bigcup X_2 \bigcup \cdots \bigcup X_n) \geqslant \sum_i \mathrm{Bel}(X_i) - \sum_{i>j} \mathrm{Bel}(X_i \bigcap X_j) + \cdots$$
$$+ (-1)^n \mathrm{Bel}(X_1 \bigcap X_2 \bigcap \cdots \bigcap X_n)$$

4)似然函数(plausibility function)

根据 BPA,可以定义似然函数。

定义 2-4 设 Θ 为识别框架,似然函数 Pl 表示从集合 2^Θ 到 $[0,1]$ 上的一个映射。

对于 $\forall X \subseteq \Theta$, 满足

$$\mathrm{Pl}(X) = \sum_{Y \bigcap X \neq \varnothing, X, Y \subseteq \Theta} m(Y) \tag{2-185}$$

满足

$$\begin{aligned}\mathrm{Pl}(\varnothing) &= 0 \\ \mathrm{Pl}(\Theta) &= 1\end{aligned} \tag{2-186}$$

则称 Pl 为命题的似然函数。

$\mathrm{Pl}(X)$ 表示对基元 X 的最大信任程度。从 $\mathrm{Pl}(X)$ 的定义可以知道,$\mathrm{Pl}(X)$ 与 $\mathrm{Bel}(X)$ 是不同的。$\mathrm{Bel}(X)$ 表示对于基元和它的所有子集的总的 BPA 之和,而 $\mathrm{Pl}(X)$ 表示与基元 X 有交集不为空的所有基元对应的 BPA 之和。当且仅当基元 X 与其他基元没有交集时,$\mathrm{Pl}(X)$ 与 $\mathrm{Bel}(X)$ 才相等。

由于 $\mathrm{Pl}(X)$ 与 $\mathrm{Bel}(X)$ 均由 BPA 推理得来,这两个函数之间可以相互转化。

同理可以得到

$$\mathrm{Bel}(X) = 1 - \mathrm{Pl}(\bar{X})$$

从 $\mathrm{Pl}(X)$ 与 $\mathrm{Bel}(X)$ 函数的定义,可以很容易地得到

$$\mathrm{Bel}(X) \leqslant \mathrm{Pl}(X)$$

对于 $\forall X \subseteq \Theta$, 可以得到如下关系:

$$\mathrm{Bel}(X) \leqslant \mathrm{Pl}(X) = 1 - \mathrm{Bel}(\bar{X})$$

即

$$\mathrm{Bel}(X) + \mathrm{Bel}(\bar{X}) \leqslant 1$$

说明基元的信任函数不满足归一性,这与概率论中事件和其逆事件的概率之和为 1 的结论是不一致的。

$$\mathrm{Pl}(\dot{X}) \geqslant \mathrm{Bel}(\overline{X}) = 1 - \mathrm{Pl}(X)$$

即

$$\mathrm{Pl}(X) + \mathrm{Pl}(\overline{X}) \geqslant 1$$

同时，对于 $\forall X \subseteq \Theta, \mathrm{Pl}(X)$ 与 $\mathrm{Bel}(X)$ 和概率的大小关系为

$$\mathrm{Bel}(X) \leqslant P(X) \leqslant \mathrm{Pl}(X)$$

其中，$P(X)$ 表示基元的概率。

　　得到了 $\mathrm{Pl}(X)$ 与 $\mathrm{Bel}(X)$，就可以用这两个函数来描述基元的不确定性，它们的关系如图 2-43 所示。这两个函数组成了一个完整的对于基元 X 的不确定区间。

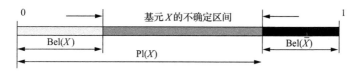

图 2-43　DSET 对基元 X 信任程度的划分

　　似然函数 $\mathrm{Pl}(X)$ 和信任函数 $\mathrm{Bel}(X)$ 分别表示对基元 X 信任程度的上限和下限，因而可以用区间 $[\mathrm{Bel}(X), \mathrm{Pl}(X)]$ 作为基元 X 的不确定性的度量和知识的不确定度的测量，而且 $\mathrm{Pl}(X) \to \mathrm{Bel}(X)$ 描述了基元 X 的无知程度。

　　在图 2-44 中，对基元 X 支持的不确定区间为 $[0, \mathrm{Bel}(X)]$，区间的上界为 $\mathrm{Bel}(X)$，下界为零。最大支持基元的不确定区间为 $[0, \mathrm{Pl}(X)]$，$\mathrm{Pl}(X)$ 是最大支持区间的上界。区间 $[\mathrm{Pl}(X), 1]$ 表示拒绝基元 X 的不确定区间；区间 $[\mathrm{Bel}(X), \mathrm{Pl}(X)]$ 为基元 X 的不确定区间，此区间表示既不拒绝，也不支持基元 X。如果在识别框架中，每一个基元 X 的不确定区间 $[\mathrm{Bel}(X), \mathrm{Pl}(X)]$ 的长度为零，表明 DSET 与贝叶斯理论是一致的，即 $\mathrm{Bel}(X) = 1 - \mathrm{Pl}(X)$；如果不确定区间 $[\mathrm{Bel}(X), \mathrm{Pl}(X)] = [0, 1]$，那么说明此证据对基元 X 是无知的，不包含对基元的可用信息

　　5）众信度函数

　　定义 2-5　设 Θ 为识别框架，在 Θ 上由 BPA 定义的众信度函数为：对于 $\forall X \subseteq \Theta, Q(X): 2^{\Theta} \to [0, 1]$，有

$$Q(X) = \sum_{X \subseteq Y} m(Y) \tag{2-187}$$

　　$Q(X)$ 与 $\mathrm{Bel}(X)$ 的构建模式不同，$\mathrm{Bel}(X)$ 从基元子集的角度出发，是其子集基元的 BPA 之和，而 $Q(X)$ 从基元 X 被包含的角度出发，是基元作为其他基元子集时的 BPA 之和。

6）公共函数

在 DSET 中，似然函数 $\mathrm{Pl}(X)$ 和信任函数 $\mathrm{Bel}(X)$ 分别表示对基元 X 的信任程度的上限和下限。一般应用这个不确定区间 $[\mathrm{Bel}(X),\mathrm{Pl}(X)]$ 来描述基元 X 的不确定程度和大小。但是由于工程应用中的便利性，更希望通过一个确定性的数值来表示基元的不确定性。因此，构造了公共函数 $F(X)$ 使其函数值在区间 $[\mathrm{Bel}(X),\mathrm{Pl}(X)]$ 内，以度量基元的不确定性。

定义 2-6　设 Θ 为识别框架，Θ 上由 BPA 导出的公共函数定义为：对于 $\forall X \subseteq \Theta, F(X):2^{\Theta} \rightarrow [0,1]$，有

$$F(X) = \mathrm{Bel}(X) + \frac{|X|}{|\Theta|} \times (\mathrm{Pl}(X) - \mathrm{Bel}(X)) \tag{2-188}$$

其中，$|X|$ 和 $|\Theta|$ 分别表示基元 X 和 Θ 的势；$F(X)$ 称为公共函数，它具有以下性质：

$$F(\varnothing) = 0, \quad F(\Theta) = 1, \quad 0 \leqslant F(X) \leqslant 1$$
$$\forall X \subseteq \Theta, \quad \mathrm{Bel}(X) \leqslant F(X) \leqslant \mathrm{Pl}(X) \tag{2-189}$$

由上面的分析可以知道，在 DSET 中，似然函数和信任函数用来描述基元的不确定性，而似然函数和信任函数的定义又依赖于 BPA，所以 BPA 是 DSET 中最基本的函数，是定义其他函数的基础。在实际的应用中，可以根据多个传感器、多个信息源和多个专家得到同一辨识框架下多个不同的 BPA。对于这一情况，Dempster 提出了一种合成规则来融合所得到的这多个 BPA，即

$$m(C) = m_i(X) \oplus m_j(Y)$$
$$= \begin{cases} 0, & X \cap Y = \varnothing \\ \dfrac{\sum_{X \cap Y = C, \forall X, Y \subseteq \Theta} m_i(X) \times m_j(Y)}{1 - \sum_{X \cap Y = \varnothing, \forall X, Y \subseteq \Theta} m_i(X) \times m_j(Y)}, & X \cap Y \neq \varnothing \end{cases} \tag{2-190}$$

其中，$m_i(X)$ 表示第 i 个证据源的 BPA，i 代表第 i 个证据源。

下面定义冲突因子：

$$K_{ij} = \sum_{X \cap Y = \varnothing} m_i(X) \times m_j(Y)$$

其中，K_{ij} 称为第 i 和第 j 个证据源的冲突因子，表示两个证据源之间的冲突程度，且有 $0 \leqslant K_{ij} \leqslant 1$。当 $K_{ij} = 0$ 时表示第 i 和第 j 个证据没有冲突，完全相等；当 $0 < K_{ij} < 1$ 或 $K_{ij} = 1$ 时表示第 i 和第 j 个证据源有部分冲突或者完全冲突。$[1 - \sum_{X \cap Y = \varnothing} m_i(X) \times m_j(Y)]^{-1}$ 称为归一化因子。

下面举例对 DSET 中各个函数的计算和合成规则的应用予以说明。

已知，$\Theta = \{a,b,c\}$，$m_1(\{a\}) = 0.200$，$m_1(\{b\}) = 0.200$，$m_1(\{a,b\}) = 0.300$，$m_1(\{\Theta\}) = 0.300$；$m_2(\{a\}) = 0.300$，$m_2(\{b\}) = 0.150$，$m_2(\{c\}) = 0.100$，$m_2(\{b,c\}) = 0.100$，$m_2(\{\Theta\}) = 0.350$，可分别计算各种函数及两条证据合成的结果。

对于证据源 1 的基元 a，得到其信任函数、似然函数、众信度函数和公共函数分别为

$$\mathrm{Bel}(\{a\}) = \sum\nolimits_{Y \subseteq X, X \subseteq \Theta} m(Y) = 0.200$$

$$\mathrm{Pl}(\{a\}) = \sum\nolimits_{Y \cap X \neq \varnothing, X, Y \subseteq \Theta} m(Y) = 0.800$$

$$Q(\{a\}) = \sum\nolimits_{X \subseteq Y} m(Y) = 0.800$$

$$F(\{a\}) = \mathrm{Bel}(\{a\}) + \frac{|\{a\}|}{|\Theta|} \times (\mathrm{Pl}(\{a\}) - \mathrm{Bel}(\{a\})) = 0.400$$

同理，其他基元所对应的四个函数值如表 2-15 所示。

表 2-15　证据源 1 的其他基元所对应的四个函数值表

X	$\mathrm{Bel}(X)$	$\mathrm{Pl}(X)$	$Q(X)$	$F(X)$
$\{b\}$	0.2000	0.8000	0.8000	0.4000
$\{a,b\}$	0.3000	0.6000	0.6000	0.4000
Θ	1.000	1.0000	0.3000	1.0000

同理，可以得到证据源 2 基元所对应的四个函数值，如表 2-16 所示。

表 2-16　证据源 2 的其他基元所对应的四个函数值表

X	$\{a\}$	$\{b\}$	$\{c\}$	$\{b,c\}$	Θ
$\mathrm{Bel}(X)$	0.3000	0.1500	0.1000	0.3500	1.0000
$\mathrm{Pl}(X)$	0.6500	0.5000	0.4500	0.4500	1.0000
$Q(X)$	0.6500	0.6000	0.4500	0.4500	0.3500
$F(X)$	0.4167	0.4167	0.2167	0.3833	1.0000

下面将用 Dempster 合成规则计算合成，首先：

$2^{\Theta} = \{\varnothing, \{a\}, \{b\}, \{c\}, \{a,b\}, \{a,c\}, \{b,c\}, \{a,b,c\}\}$

$K_{ij} = \sum\nolimits_{X \cap Y = \varnothing} m_i(X) \times m_j(Y)$

$= m_1(a)m_2(\{b,c\}) + m_1(b)m_2(\{a,c\}) + m_1(c)m_2(\{a,b\})$

$\quad + m_1(\{a,c\})m_2(\{b\}) + m_1(\{a,b\})m_2(\{c\}) + m_1(\{b,c\})m_2(\{a\})$

$\quad + m_1(\{\varnothing\})m_2(\{a,b,c\}) + m_1(\{a,b,c\})m_2(\{\varnothing\})$

$= 0.16$

所以有

$$m(a) = m_1(X) \oplus m_2(Y)$$

$$= \frac{1}{1-k_{12}}[m_1(\{a\})m_2(\{a,c\}) + m_1(\{a\})m_2(\{a,b\}) + m_1(\{a,b\})m_2(\{a\})$$

$$+ m_1(\{a,c\})m_2(\{a\}) + m_1(\{a\})m_2(\{a,b,c\}) + m_1(\{a,b,c\})m_2(\{a\})$$

$$+ m_1(\varnothing)m_2(\{a,b,c\}) + m_1(\{a,b,c\})m_2(\{\varnothing\})]$$

$$= 0.1548$$

经过相同方式的计算,融合后的各基元的 BPA 如表 2-17 所示。

表 2-17　Dempster 规则合成后的信任分配函数

	$\{a\}$	$\{b\}$	$\{c\}$	$\{a,b\}$	$\{a,c\}$	$\{b,c\}$	$\{a,b,c\}$
$m(X)$	0.1548	0.1429	0.0000	0.125	0.0000	0.0000	0.5733

经过上面的计算,分别得到各基元融合后的 BPA,下面计算融合后的基元的不确定区间

基元 $\{a\}$:$[\mathrm{Bel}(\{a\}),\mathrm{Pl}(\{a\})] = [0.1548, 0.8571]$。

基元 $\{b\}$:$[\mathrm{Bel}(\{b\}),\mathrm{Pl}(\{b\})] = [0.1429, 0.8452]$。

基元 $\{c\}$:$[\mathrm{Bel}(\{c\}),\mathrm{Pl}(\{c\})] = [0.0000, 0.5773]$。

基元 $\{a,b\}$:$[\mathrm{Bel}(\{a,b\}),\mathrm{Pl}(\{a,b\})] = [0.1250, 0.7023]$。

基元 $\{a,c\}$:$[\mathrm{Bel}(\{a,c\}),\mathrm{Pl}(\{a,c\})] = [0.0000, 0.5773]$。

基元 $\{b,c\}$:$[\mathrm{Bel}(\{b,c\}),\mathrm{Pl}(\{b,c\})] = [0.0000, 0.5773]$。

基元 $\{a,b,c\}$:$[\mathrm{Bel}(\{a,b,c\}),\mathrm{Pl}(\{a,b,c\})] = [1.0000, 1.0000]$。

2. 基于证据理论的停运概率融合规则及算例

1) 基础理论

自身健康状况、外部环境、系统运行条件各自可以作为连锁故障的一个证据源,这些相互独立且又能影响同一目标的证据可以通过分层结构形式,在确定了最底层证据的基本信度以后,用多个下层的证据在推理网中向上传递,得到连锁事件最终目标各信团的基本可信数。取出其中最大的信团并以此为前提示出对其本身支持程度之和,作为连锁偶然事件的信度分配及概率。在这里,将连锁故障发展复杂事件辨识框架的最小基元元素取为 $\{S,M,F\}$,即 $\{severe, moderate, fine\}$,代表 $\{恶劣,一般,良好\}$ 等三种情况,当全集合用 Θ 表示时,此时因 $n=3$,全集由 S,M,F 的各种组合形式组成,共有 8 种可能,如图 2-45 所示。

下面举例说明如何应用证据理论建立融合设备自身健康状况、外部环境和系统运行条件的设备停运模型。该模型考虑了天气状况、环境温度、风速、风向、日照

热量、负荷水平、服役时间等运行条件对元件停运概率的影响。

（1）根据证据理论,将影响设备停运的因素分为三类,即自身健康状况、外部环境和系统运行条件,各影响因素作用的层次整理如图 2-44 所示。

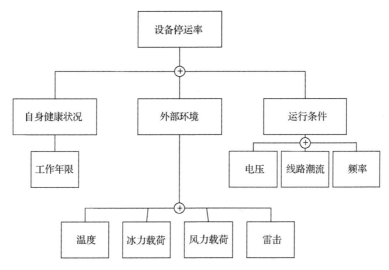

图 2-44　基于证据理论的融合自身健康状况、外部环境和系统运行条件的设备停运模型

图中,考虑设备自身健康状况对设备停运率的影响中,证据源包含 1 条,即设备的寿命;考虑外部环境对设备停运率的影响中,证据源包含 4 条,即设备所处的温度、冰力载荷大小、风力载荷大小、雷击情况;考虑系统运行条件对设备停运率的影响中,包含证据源 3 条,即线路潮流大小、电压、频率。图中的"$\oplus$"表示合成。

（2）在各类证据源内,先合成内部因素,得到各分类证据的合成的信任分配函数,各类证据源及基元如下。

①设备自身健康状况。

证据源：$m_{寿命}(X)$。

基元：$X=\{\{S\},\{S,M\},\{M\},\{M,F\},\{F\},\{S,F\},\{S,M,F\},\{\varnothing\}\}$。

设备自身健康状况合成信任分配函数为

$$m_{设备自身健康}(X)=m_{寿命}(X)$$

②外部环境影响。

证据源：$m_{温度}(X),m_{冰力载荷}(X),m_{风力载荷}(X),m_{雷击}(X)$。

基元：$X=\{\{S\},\{S,M\},\{M\},\{M,F\},\{F\},\{S,F\},\{S,M,F\},\{\varnothing\}\}$。

外部环境影响合成信任分配函数为

$$m_{外部环境}(X)=m_{温度}(X)\oplus m_{冰力载荷}(X)\oplus m_{风力载荷}(X)\oplus m_{雷击}(X)$$

③系统运行条件。

证据源：$m_{线路潮流}(X), m_{电压}(X), m_{频率}(X)$。

基元：$X = \{\{S\}, \{S,M\}, \{M\}, \{M,F\}, \{F\}, \{S,F\}, \{S,M,F\}, \{\varnothing\}\}$。

系统运行条件影响合成信任分配函数为

$$m_{运行条件}(X) = m_{线路潮流}(X) \oplus m_{电压}(X) \oplus m_{频率}(X)$$

（3）综合考虑设备自身健康状况、外部环境、系统运行条件，得到设备停运率的合成信任分配函数为

$$m_{设备停运}(X) = m_{自身健康状况}(X) \oplus m_{外部环境}(X) \oplus m_{运行条件}(X)$$

通过证据理论，可以合成设备当前的停运率，反映设备在当前状态下，所处的状态信任区间，即设备是处于恶劣工作状态，一般工作状态，还是良好工作状态，以及对各状态的信任程度。

2）案例说明

以湖南省竹园—罗霄变电站之间的 220kV 电网输电线路（全长：66.39km）为例进行算例分析。算例的基本思路如下。

（1）考虑输电线路、变压器的运行年限和设备健康状况并输入。

（2）考虑系统运行条件的变化（但算例中短时间内湖南电网整体潮流水平没有大的变化，也没有特别重载的情况出现）。

（3）模拟在短时间内出现的台风雷暴天气情况，计算中对于天气条件和地形条件进行如下的假设。

①能够得到的预测性的天气信息仅考虑雷电和风速情况并假设整条线路处在同种天气条件下。

②根据雷暴类别的不同，在湖南出现的雷暴持续时间通常为 200～300min。因此本节的评估持续时间假设为 6h。

③风速情况采用参数估计的方法得到 1h 为周期的最大风速变化情况。

④雷电信息仅具体到短时期内出现雷暴天气，不考虑落雷次数以及可能出现的雷电流幅值大小，假设雷击过程持续时间为 4h。

⑤输电线路沿线的地闪密度采用地闪密度图中地闪密度等级对应的地闪密度范围的下确界值，其经过地形假设均为平原。

3）合成结果

（1）元件健康状态与运行条件合成。

由于输电线老化周期较长，在本节研究时间尺度内，假设输电线投运时间较短，老化失效影响很小，因此得到短时间内竹园—罗霄线路的停运率大小为一个固定值。与此同时，短时间内竹园—罗霄整体潮流水平没有大的变化，也没有特别重

载的情况出现,如表 2-18 所示。

表 2-18　竹园-罗霄线路分时段的潮流

时间/h	1	2	3	4	5	6	7
潮流(竹园—罗霄为正)/MW	120	150	100	120	120	120	120

考虑没有大的系统运行条件变化,利用以上参数计算出输电线路的单位长度故障率,如表 2-19 所示。

表 2-19　竹园-罗霄线路分段情况下的单位长度故障率

时间/h	1	2	3	4	5	6	7
老化致故障率	0.008	0.008	0.008	0.008	0.008	0.008	0.008
运行条件致故障率	0.008	0.008	0.008	0.008	0.008	0.008	0.008
合成结果	0.008	0.008	0.008	0.008	0.008	0.008	0.008

(2) 外部环境影响合成。

由已经统计得到的该地区电网东南地区地闪密度分布和低山密度划分等级与数值对照表;模拟短期内天气出现雷暴大风强对流天气下的风速变化情况如表 2-20 所示,其中有地闪的时间为 3~6h。

表 2-20　地闪密度等级与数值对照表

地闪密度等级	地闪密度/(次/千米^2·年)
A	$N_g < 0.78$
B1	$0.78 \leqslant N_g < 2.0$
B2	$2.0 \leqslant N_g < 2.78$
C1	$2.78 \leqslant N_g < 5.0$
C2	$5.0 \leqslant N_g < 7.98$
D1	$7.98 \leqslant N_g < 11.0$
D2	$N_g \geqslant 11.0$

图 2-45 中地闪密度等级与具体数值(单位:次/千米^2·年)之间的对照关系如表 2-20 所示。

杆塔参数仍然采用表 2-20 中的数据,线路参数信息见下图以及下表 2-21。图 2-47 中 D2、D1、C2、C1 为线路段对应的地闪密度等级,考虑设备健康状况的线路故障率参数。

例如竹园—罗霄线路上 1~7 小时间最大风速变化情况如图 2-46 所示。

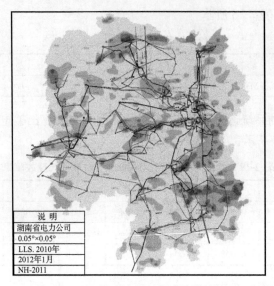

图 2-45　湖南电网地闪密度分布图

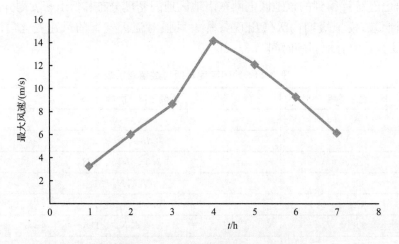

图 2-46　短时雷雨大风天气下的最大风速变化情况

表 2-21　竹园-罗霄线路输电线路参数

线路参数	数值
线路全长/km	66.385
D2 段长度/km	22.404
D1 段长度/km	11.081
C2 段长度/km	25.819
C1 段长度/km	7.081
线路故障率/[次/(百公里·年)]	0.008

图 2-47　竹园—罗霄线路分段地闪密度等级示意图

进一步计算得到输电线路实时故障率曲线,如表 2-22(竹园—罗霄线路故障率变化情况)所示,曲线合成情况如图 2-48 所示。

表 2-22　竹园—罗霄线路分段情况下的单位长度故障率

时间/h	1	2	3	4	5	6	7
D2 段雷击故障率/[次/(百公里·年)]	0	0	0.44	0.44	0.44	0.44	0
D1 段雷击故障率/[次/(百公里·年)]	0	0	0.32	0.32	0.32	0.32	0
C2 段雷击故障率/[次/(百公里·年)]	0	0	0.20	0.20	0.20	0.20	0
C1 段雷击故障率/[次/(百公里·年)]	0	0	0.11	0.11	0.11	0.11	0
大风致停运故障率/[次/(百公里·年)]	0.01	0.01	0.01	0.11	0.06	0.01	0.01

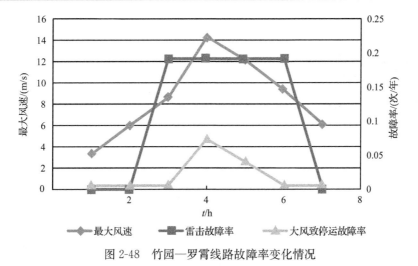

图 2-48　竹园—罗霄线路故障率变化情况

采用证据理论合成竹园—罗霄线路的故障率,该线路的实时故障率大小如表 2-23 所示。

表 2-23　竹园-罗霄线路分段情况下的合成单位长度故障率

时间/h	1	2	3	4	5	6	7
雷击致故障率/[次/(百公里·年)]	0	0	0.19	0.19	0.19	0.19	0
大风致故障率/[次/(百公里·年)]	0.01	0.01	0.01	0.11	0.06	0.01	0.01
合成结果	0.01	0.01	0.097	0.19	0.18	0.10	0.01

合成结果为根据证据理论合成得到的线路综合故障率大小。以时刻 3 为例，该线路在不同证据源下的信度大小如表 2-24 所示。

表 2-24　时刻 3 竹园—罗霄线路单位长度故障率

可信度	$M(F)$	$M_i(F,M)$	$M(M)$	$M(M,S)$	$M(S)$
雷击致故障率/[次/(百公里·年)]	0.04	0	0.96	0	0
大风致故障率/[次/(百公里·年)]	0.96	0	0.04	0	0
合成结果	0.51	0	0.49	0	0

可信度分配方法可由图 2-49 获得。可见，合成后的结果中，故障率大小介于良好和一般之间，可以计算得到此时的合成故障率大小为 0.097218。同理，合成该线路在其他几种情况下的故障率，并将其汇总，如图 2-50 所示。

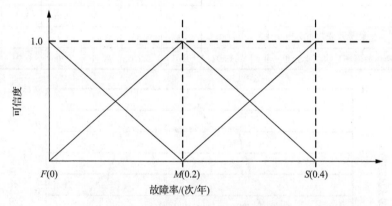

图 2-49　故障率可信度分配示意图

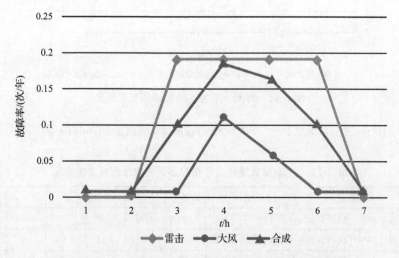

图 2-50　基于证据理论合成外部环境影响下设备故障率模型

（3）自身健康状态、外部环境、运行条件共同影响下的设备故障率。

综合考虑元件自身健康状况、外部环境、运行条件对该线路的故障率影响，得到该线路在不同时刻下的故障率大小如表 2-25 所示，同时将综合结果展示在图 2-51 中。

表 2-25 竹园—罗霄线路不同时刻合成故障率大小

时间/h	1	2	3	4	5	6	7
雷击致故障率/ ［次/(百公里·年)］	0	0	0.19156	0.19156	0.19156	0.19156	0
大风致故障率/ ［次/(百公里·年)］	0.008	0.008	0.008	0.1111	0.0606	0.008	0.008
外部环境合成结果/ ［次/(百公里·年)］	0.008	0.008	0.097218	0.18882	0.179509	0.097218	0.008
老化致故障率/ ［次/(百公里·年)］	0.008	0.008	0.008	0.008	0.008	0.008	0.008
运行条件致故障率/ ［次/(百公里·年)］	0.008	0.008	0.008	0.008	0.008	0.008	0.008
老化及运行条件合成结果/ ［次/(百公里·年)］	0.008	0.008	0.008	0.008	0.008	0.008	0.008
整体合成结果/ ［次/(百公里·年)］	0.008	0.008	0.011383	0.082687	0.053862	0.011383	0.008

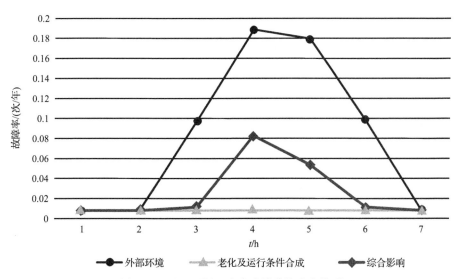

图 2-51 基于证据理论合成线路故障率模型

2.4　小　　结

（1）本章首先研究了传统电力系统停运概率的影响模型。通过电网元件的可修复性和不可修复性进行分类。

（2）然后分别研究了设备健康状况、外部环境和系统运行条件三种单一因素对于设备停运概率的影响。根据变压器的结构组成和故障机理将变压器划分为器身内部系统与器身外部部件两个部分，基于在线监测信息建立了综合评估变压器内部系统以及外部部件的偶然失效故障率的模型。

（3）提出了融合设备自身健康状况、外部环境和系统运行条件三种因素的元件停运概率模型。综合分析线路潮流水平、雷击、大风、冰力载荷停运概率的影响，并构建停运率模糊 if-then 规则和模糊推理系统，提出了证据理论的多因素停运概率融合方法。

第 3 章　基于电力设备隐性故障概率评估的电网薄弱环节识别及预警技术

3.1　电力系统隐性故障动作机理研究

电力系统的保护与电力系统的事故总是如影随形,继电保护是防止故障及扰动对电力系统危害的第一道防线。虽然保护动作的正确率非常高,但是保护系统的隐患仍可能在某些情况下扩大事故。1965 年 11 月 9 日,北美电网发生了大停电事故,起因是某套保护的第Ⅲ段整定值不合适,该整定值九年没有重新核算,晚上移相器调整后,负荷阻抗进入保护动作区引起误动。1997 年美国纽约市因两次雷击引起一系列保护误动,包括方向保护误动,最终扩大为电网大停电事故。2003 年美国和加拿大"8·14"大停电事故发生前一小时,美国 Ohio 州的一条 345kV 输电线路 Camberlain-Harding 跳开,该线路的功率转移到相邻线路 Hanna-Juniper 上,该线路由于长时间过热,下垂接触到导线下面的树木。警报系统由于失灵未及时报警,该线路因接地短路跳闸,Cleveland 城市失去了第二回电源线,系统电压降低,随后 100 多个发电厂,包括 22 个核电厂、几十条高压输电线路级联跳闸,停电时间长达 29h,使得系统失去 61.8GW 负荷,经济损失达 300 亿美元,扰乱了 5000 万人的生活。2003 年 8 月 28 日,伦敦电网持续停电 34min,停运了 60% 的地铁,停电的直接原因是 Wimbledon 至 NewCross 的 2 号线路上的后备保护继电器的不正确动作。1990 年 9 月 20 日国内广东电网发生停电事故,起因是线路遭雷击造成两相短路接地,事故过程中共有 9 套保护因各种原因(失去直流电源、电流互感器接错等)误动或拒动,广东电网出现大面积严重停电。2006 年 7 月 1 日华中电网 500kV 线路嵩郑Ⅱ线 REL561 差动保护误动作,跳开嵩郑Ⅱ线郑州侧 5033、5032 断路器,10s 后嵩郑Ⅰ线 REL561 过负荷保护误动作,跳开郑州侧 5023、5022 断路器,嵩山变电站安全自动装置拒动,引起事故进一步扩大。在这些大停电事故中,保护的不正确动作都起到了推波助澜的作用。电力市场环境下,巨大的电力需求和资产经济运行使电网的稳定裕度越来越小,继电保护系统的拒动和误动成为触发和传播系统扰动的重要因素之一。

根据北美电力可靠性协会(North American Electric Reliability Corporation, NERC)提供的 1984～1991 年的干扰数据分析得出:保护系统故障对电力系统连锁故障的产生起着重要作用。其中,保护系统的隐性故障被触发,会使得保护系统出现误动,从而导致大面积的系统扰动。有资料表明世界上大约有 75% 的大的停电事故都和保护系统的不正确运作有关,继电保护的隐性故障已经成为电力灾难性的一种机理。随着全国电网的形成,继电保护隐性故障更将危及到我国电网的安全。因此,对保护系统的隐性故障进行研究是非常有必要的。

3.1.1 隐性故障动作机理

继电保护隐性故障是指系统正常运行时对系统没有影响的故障,而当系统某些部分发生变化时,这种故障就会被触发,从而导致大面积故障的发生。隐性故障在系统正常运行时是无法发现的,但是一旦有故障发生,继电器正确切除故障后,电力系统潮流重新分配,在这样的运行状态下就可能会使带有隐性故障的保护系统误动作。从而有可能造成连锁故障,扩大事故范围[28,29]。

它在电力系统正常运行时不会被发现,只有在不正常运行条件下才会出现,使保护误动。最初隐性故障的定义是:在系统某一事件发生后,直接引起保护系统不正确或不合适地断开某个或某些电路元件的一种功能性缺陷,这种缺陷可能出现在保护系统的任意一个元件上,在电压互感器、电流互感器、电缆、各种保护和通信通道上都可能存在;而这种缺陷与系统的其他缺陷相比,最主要的不同之处是这些缺陷本身不会在保护中引起直接的动作,因而难以被发现,直到其他系统故障发生时它才被感受到。

保护系统中的隐性故障的发生需要同时满足两个条件:保护元件存在功能缺陷(如硬件缺陷)和保护装置中相关的逻辑配置使得该缺陷很难被检测和发现。电力系统处于不正常压力状态(如低电压、发生故障、无功不足、过载、潮流逆向等情况),隐性故障产生的影响就可能随之出现。因此,尽管隐性故障被触发的概率很低,但是一旦被触发,会导致保护出现误动,使得该系统的运行状况恶化,还可能构成大范围扰动,这就是隐性故障最独特和最危险的地方[30]。

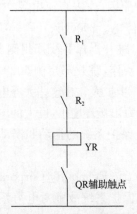

图 3-1　两个保护触点串联的接线

举例说明,图 3-1 所示的两个串联的保护接点是继电器 R_1 和 R_2 的触点,QR 为辅助触点,YR 为断路器的跳闸线圈,若继电器 R_2 有隐性故障,R_2 触点闭合(动作状态),继电器 R_1 的触点闭合就会接通断路器的跳闸回路,切除被保护元件。断路器跳闸的条件和 R_1 的触点闭合条件是不同的,还要考虑 R_2 的触点闭合条件。断路器为了正确跳闸,必须同时满足 R_1 和 R_2 的触点闭合条件,也就是图 3-2 所示的交集。而 R_2 有功能性缺陷(触点总是闭合),R_1 的动作条件满足了就可以跳开断路器,这就是隐性故障引起的保护误动,说明继电器 R_2 隐性故障的出现使得断路器跳闸的概率增加了。

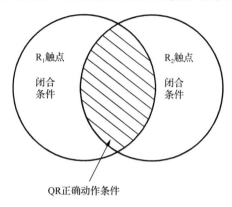

图 3-2 QR 正确动作条件示意图

导致继电保护隐性故障的原因可以大致分为以下几类。

(1)继电保护整定值不合理,包括保护定值整定计算错误和保护整定值过时。整定和校验的错误,或者整定值与被保护设备的主要运行方式不适合都可能产生隐性故障。电力系统的运行方式发生很大的变化,若保护的整定值没有进行相应的调整,即使正常运行,也可能会出现误动或拒动。

(2)继电保护系统设备故障(硬件缺陷或人为失误)引起的隐性故障。继电保护系统硬件缺陷包括通信系统故障、电流互感器故障、电压互感器故障、保护装置元件老化、接触不良、绝缘不良、接线错误等。这种隐性故障也可能是由于环境(恶劣环境或者灾变性环境)和不正确的人为干涉引起的,在任何设备上都有可能发生,可以通过正确的维修来降低其发生率,但是维修中的人为失误也会导致隐性故障的发生。

3.1.2 软硬件故障和整定值失配

1. 三段式相间距离保护的动作原理及整定

三段式相间距离保护是专门针对 110kV 以上的线路装设的保护,如图 3-3 所示,设备测量元件整定阻抗方向与线路阻抗方向一致,采用圆特性的(方向)阻抗元件。线路 AB 靠近 A 母线处装设三段式距离保护,相邻线路为线路 BC,也装有距离保护,圆周 1、2、3 分别为线路 AB 的 A 处装设距离保护的 I 段、II 段、III 段的动作特性圆,圆周 4 为线路 BC 的 B 处距离保护的 I 段的动作特性圆,从图中可以明显地看出线路 AB 的三段式距离保护的保护范围。

距离保护是一种由阻抗继电器完成电压、电流的比值测量,并根据比值的大小来判断故障的远近,并根据故障的远近确定动作时间的一种保护装置。距离保护

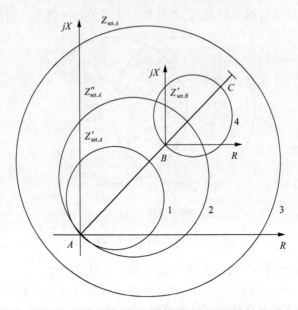

图 3-3　距离保护各段动作区域示意图

的网络接线图如图 3-4(a)所示。距离保护广泛采用具有三段动作范围的阶梯时限特性,如图 3-4(b)所示,并分别称为距离保护的Ⅰ、Ⅱ、Ⅲ段。

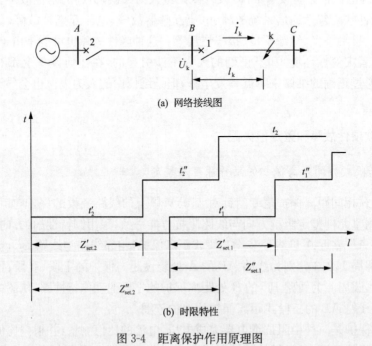

(a) 网络接线图

(b) 时限特性

图 3-4　距离保护作用原理图

1) 距离Ⅰ段保护

距离Ⅰ段为瞬时动作,为保证选择性,其动作阻抗的整定值应躲开线路末端短路时的测量阻抗。于是保护 2 的Ⅰ段整定值为

$$Z'_{\text{set.}2} = K'_{\text{rel}} Z_{AB}$$

其中,K'_{rel} 为距离Ⅰ段的可靠系数,一般取 $0.8 \sim 0.9$;Z_{AB} 为线路 AB 的阻抗;动作时限为 0s。

2) 距离Ⅱ段保护

距离Ⅱ段的整定应使其不超过下一条线路距离Ⅰ段的保护范围,同时高出一个时限 Δt,以保证选择性。在图 3-4(a) 中,保护 2 的距离Ⅱ段整定值为

$$Z''_{\text{set.}2} = K''_{\text{rel}} (Z_{AB} + Z'_{\text{set.}1})$$

其中,K''_{rel} 为距离Ⅱ段的可靠系数,一般取 0.8。距离Ⅰ段和距离Ⅱ段的联合工作构成本线路的主保护。

3) 距离Ⅲ段保护

距离Ⅲ段的整定启动阻抗按躲开正常运行时的最小负荷阻抗来选择。距离Ⅲ段除了作为本线路的近后备保护,还要作为相邻线路的远后备保护。所以除了在本线路故障有足够的灵敏度,相邻线路故障也要有足够的灵敏度。动作时间大于相邻线路最长的动作时间。

2. 保护的隐性故障模式分析

图 3-5 为三段式距离保护的组成框图,图中 Z'、Z''、Z 分别为距离Ⅰ段、Ⅱ段、Ⅲ段的测量元件,t''、t 为距离Ⅱ段、Ⅲ段的时间元件。测量阻抗小于距离Ⅰ段的整定值,满足动作条件;或测量阻抗小于距离Ⅱ段的整定值,经过 t'' 延时,满足动作条件;或测量阻抗小于距离Ⅲ段的整定值,经过 t 延时,满足动作条件;距离保护Ⅰ段、Ⅱ段、Ⅲ段任一条件满足,都可出口跳闸。

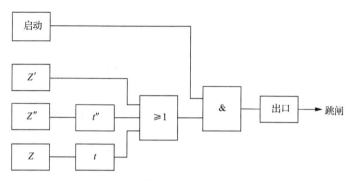

图 3-5　三段式距离保护的组成框图

　　根据三段式距离保护的动作逻辑,可以得出几种由于保护软硬件原因(时间继电器触点常闭或软件计数器受干扰影响溢出)或整定值不合理产生的隐性故障模式[30]。

　　(1) 隐性故障模式 1:当故障发生在如图 3-6 所示的线路 BC 的阴影区时,此区间位于线路 BC 的距离保护Ⅰ段范围,由距离保护Ⅰ段动作跳闸,也落在线路 AB 的距离Ⅱ段的保护范围,此时线路 AB 的距离保护Ⅱ段的隐性故障在一定条件下(如定时器的触点常闭,微机保护的软件计数器运行受到干扰)被触发,断路器 QF_1 会不正确地跳开线路 AB,此阴影区间就是线路 AB 距离保护Ⅱ段的隐性故障造成的风险区间。可见发生双重故障时,要满足两个条件:一是原发性故障发生在风险区间内,二是保护中有隐性故障(如定时器触点常闭)存在。

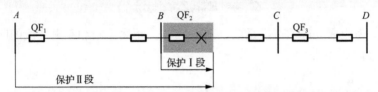

图 3-6　距离保护Ⅱ段因为软硬件隐性故障引起的风险区间

　　(2) 隐性故障模式 2:当故障发生在如图 3-7 所示的线路 BC(或 CD 等线路)的阴影部分时,此区间位于线路 BC(或 CD 等线路)的距离保护Ⅰ段范围,由距离保护Ⅰ段动作跳闸,也落在线路 AB 的距离Ⅲ段的保护范围,此时距离保护Ⅲ段的隐性故障在一定条件下(如定时器的触点常闭,微机保护的软件计数器运行受到干扰)被触发,断路器 QF_1 会不正确地跳开线路 AB,此区间就是线路 AB 距离保护Ⅲ段的隐性故障造成的风险区间。

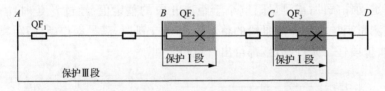

图 3-7　距离保护Ⅲ段因为软硬件隐性故障引起的风险区间

　　(3) 隐性故障模式 3:线路 AB 距离保护Ⅰ段的整定值与相邻线路 BC 的距离保护Ⅰ段不配合,落入相邻线路 BC 的距离Ⅰ段范围,若在图 3-8 所示的阴影区间发生故障,两条线路的距离Ⅰ段将同时动作,跳开两条线路。此种隐性故障模式的风险区间已包含在模式 2 的风险区间中。

　　(4) 隐性故障模式 4:线路 AB 距离保护Ⅱ段的整定值与相邻线路 BC 的距离保护Ⅰ段整定值不配合,线路 AB 的Ⅱ段保护范围超过了线路 BC 的距离Ⅰ段保护范围,落入线路 BC 的保护Ⅱ段范围之内,若在图 3-9 所示的阴影区间发生故

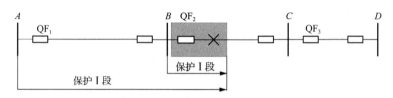

图 3-8　距离保护 I 段因为整定值不合理引起的风险区间

障,两条线路的距离 II 段将同时动作,跳开两条线路。此种隐性故障模式的风险区
间已包含在模式 2 的风险区间中。

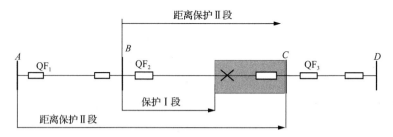

图 3-9　距离保护 II 段因为整定值不合理引起的风险区间

以上归纳了由于保护的软硬件隐性故障和整定值失配引起的隐性故障。

方向比较闭锁保护隐性故障模式的分析如下。

图 3-10 中线路 A、B 两端各安装了一个方向比较闭锁保护,该保护在正常工
作状态时,如果发生线路内部故障 1,线路两端保护检测到故障,会动作于线路两
侧断路器 CB$_A$、CB$_B$ 跳闸;如果发生区外故障,两侧的保护将被闭锁,不会因线路外
部故障而跳闸。

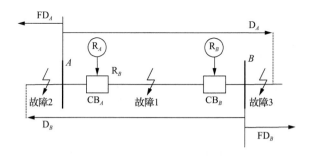

图 3-10　配备方向比较闭锁保护的线路示意图

（5）隐性故障模式 5:对于采用高频变量器直接耦合的高频通道,当发生区外
短路故障 2 时,流入高频回路的工频电流,可能造成发信机高频变量器饱和,导致
发信机发信中断。该短路故障不能被 FD$_B$ 检测到,线路 B 端也没有闭锁信号,R$_A$

和 R_B 保持闭合，D_B 检测到故障闭合其触点，使得 CB_B 动作，错误跳开线路 B 端。

（6）隐性故障模式 6：当变电站近区发生短路故障时，强干扰串入高频收发信机停信回路，如果该停信回路没有采取躲避瞬间干扰的措施，将使得收发信机误停信，从而使对侧高频保护因收不到闭锁信号而误动跳闸。如图 3-10 中当发生区外故障 3 时，FD_B 检测到外部故障，触发闭锁信号，R_A 故障，触点没有断开，结果是 CB_A 误动，跳开线路 A 端。

3.2　隐性故障对电力设备故障概率的影响研究

通过研究，并不是所有的隐性故障对电力系统都具有同样的危害性，为了评估不同的隐性故障的严重性程度，国内外很多学者将风险理论应用于基于隐性故障的电力系统连锁故障的分析评估，建立了连锁故障的风险评估体系，从而找出电力系统的薄弱环节，据此提出减小系统连锁故障风险的预防措施。隐性故障风险评估的基本思想是利用继电保护隐性故障的概率，根据系统的拓扑结构对连锁故障模型进行仿真计算，最后为了能够定量地分析决定安全等级的因素：事故的可能性和严重性，将风险定义为事故的概率与事故后果的乘积[31]。

如何确定继电保护发生隐性故障的具体概率值是值得研究的问题。目前主要有两种方法：概率统计法和概率模型法。概率统计法是固定的、不变的，方便于连锁故障的风险评估，但忽略线路潮流、母线电压、系统频率等实时运行条件的变化对保护隐性故障概率的影响。在隐性故障建模中，可以使用距离保护和过电流保护分别给故障时和故障后的保护隐性故障建模。由于距离 Ⅲ 段保护和过电流保护的整定值很低，它们对不正常状态和故障状态很敏感，可用来研究保护的隐性故障特性。常用的保护隐性故障概率模型有距离保护概率模型、过电流保护概率模型以及线路潮流越限的概率模型。保护概率模型虽然简单合理，但不能全面地反映继电保护系统的动作行为，要建立所有保护隐性故障模型是十分困难的，需要进一步研究[32]。

3.2.1　输电线路三段距离保护隐性故障概率模型

输电线路三段距离保护隐性故障概率模型，如图 3-11 所示。线路距离保护隐性故障概率 P_{HF} 与保护装置的测量阻抗 Z 有关。当测量阻抗 Z 小于 3 倍距离保护第 Ⅲ 段的整定值 $3Z$ 时，隐性故障概率为常数 P_L，而测量阻抗 Z 大于 3 倍距离保护第 Ⅲ 段的整定值 $3Z$ 时，隐性故障概率按指数规律迅速减小。隐性故障的概率模型如下：

$$P_{HF} = \begin{cases} P_L, & Z < 3Z_3 \\ P_L e^{\frac{Z}{Z_3}}, & Z \geqslant 3Z_3 \end{cases} \tag{3-1}$$

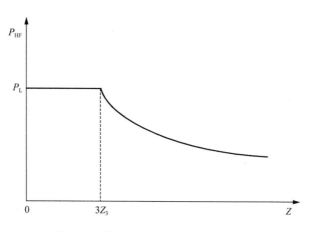

图 3-11　线路距离保护的隐性故障特性

3.2.2　阶段式电流保护隐性故障概率模型

阶段式电流保护隐性故障概率模型,如图 3-12 所示。过电流保护的隐性故障概率 P_{HF} 与线路电流的大小有关。线路电流 I 大于过电流保护第Ⅲ段的整定值 $3I$ 时隐性故障概率为常数 P_1,而线路电流 I 在 $0.1I_3$ 和 I_3 范围内时,隐性故障概率按直线规律迅速减小至 0,在线路电流 I 小于 $0.1I_3$ 时隐性故障概率为 0。概率模型如下:

$$P_{HF} = \begin{cases} P_1, & I > I_3 \\ P_1 \dfrac{I - 0.1I_3}{0.9I_3}, & 0.1I_3 \leqslant I \leqslant I_3 \\ 0, & I < 0.1I_3 \end{cases} \tag{3-2}$$

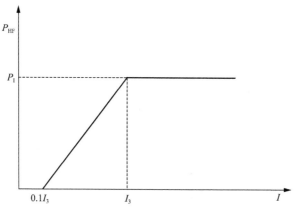

图 3-12　线路过电流保护的隐性故障特性

3.2.3　考虑线路潮流越限的继电保护隐性故障概率模型

国内外的统计资料表明,线路有功潮流的大规模转移和保护的不恰当动作是连锁故障发生的主要因素。如图 3-13 所示,当 $F < F_{\text{Limit}}$ 时,继电保护隐性故障概率 P_H 可以分成几个方面来获得,通过分析导致继电保护隐性故障的因素,可以将其分为可修复隐性故障、老化隐性故障以及恶劣环境或灾害性环境造成的隐性故障等[33]。

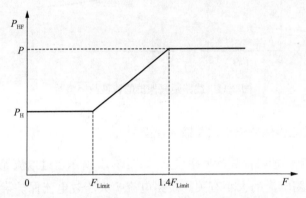

图 3-13　线路潮流越限时保护的隐形故障特性

（1）可修复隐性故障是由于继电保护定值不合理等可修复的原因造成的,即

$$P_r = \frac{\lambda}{\lambda + \mu} \tag{3-3}$$

其中, P_r 为可修复隐性故障率; λ 为失效率(失效次数/年); μ 为修复率(修复次数/年)。该数据可以从继电保护厂家获得。

（2）老化隐性故障,是一种不可修复故障,当元件进入图 3-14 所示的寿命浴盆曲线的耗损期时,可能发生老化故障,它是与历史(即元件服役年龄)有关的条件故障事件。

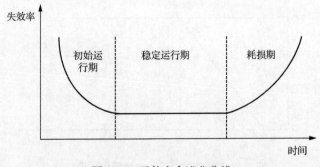

图 3-14　元件寿命浴盆曲线

按可靠性函数的定义和条件概率的概念,元件已服役 T 年后,在其后续的时间 t 内发生老化故障的概率可计算如下:

$$P_{\mathrm{f}} = \frac{\int_T^{T+t} f(t)\,\mathrm{d}t}{\int_T^{\infty} f(t)\,\mathrm{d}t} \tag{3-4}$$

其中,P_{f} 为老化隐性故障概率;$f(t)$ 为正态分布或 Weibull 分布失效概率密度函数。通过统计正在运行的继电保护装置相关数据,可以计算得到。

(3) 恶劣环境或灾害性环境造成的隐性故障。电网元件多数长期处在室外的环境中,其在灾害环境下发生故障的机会明显增加,不能采用传统元件故障率统计方法得到的故障率数据来表征其在灾害环境下的故障率。目前灾害环境下故障率急剧增加的计算模型研究还比较少,天气状态等效模型、回归分析模型和贝叶斯模型都是根据历史统计数据建立的,只能用于计算长期的天气变化对电网的影响,不能用于计算由于短期出现灾害环境引起的故障率变化情况[34]。

各种灾害环境对电网的影响都带有极大的模糊特征和不确定性,各影响因素之间存在复杂的非线性关系,对电网灾害的确定性评估十分困难、复杂,目前资料、数据还相当匮乏,因此尝试把模糊数学的方法用于灾害环境对电网的影响,建立模糊分析计算模型[35]。

通过分析,不同灾害环境的特点、发生时间以及可能造成的电网故障形式等都是有很大区别的,同时造成的故障严重程度、影响范围差别也很大,如台风的影响范围广而雷害影响范围就比较小、雷害重合闸成功率高而因污秽发生污闪的重合闸成功率低等。为了表示这些不同的影响,把不同的灾害环境分开研究,首先对不同的灾害形式进行分类,例如,将某地主要受到的灾害分为风灾、水灾、雷害、污秽、地质灾害、覆冰等,再根据多年的运行历史数据确定这些灾害环境对电网的危害程度并赋予不同的严重性系数,如表 3-1 所示。

表 3-1　灾害类型及严重性系数

灾害类型	系数	灾害类型	系数
风灾	α_1	污秽	α_4
水灾	α_2	地质灾害	α_5
雷害	α_3	覆冰	α_6

严重性系数 α_i 可通过下式计算,即

$$\alpha_i = \frac{\lambda_i}{\lambda_{\mathrm{av}}} = \frac{\lambda_{\mathrm{av}} \cdot F_i / P_i}{\lambda_{\mathrm{av}}} = \frac{F_i}{P_i} \tag{3-5}$$

其中,λ_{av} 为平均故障率;P_i 为第 i 类灾害环境出现的概率;F_i 为第 i 类灾害环境下

出现的故障占总故障次数的比例。P_i 可由当地的统计资料获得,而 F_i 则从电力部门故障统计资料获得。

　　模糊分析的一个重要内容就是隶属函数确定。每种灾害环境对电网的影响都是多种因素综合作用的结果,在此只考虑主要因素的影响,计算灾害环境影响下的相对故障率。如果有灾害发生,则采用已经建立的模糊隶属函数对发生的灾害环境进行量化,量化结果的隶属函数值均为 $0\sim1$[36]。

　　①风灾隶属度函数。

　　电网风灾的形成是一个多种因素综合作用的结果,这些因素包括风速、风向、输电线路走向、地形、地质类型、雨量等。风灾隶属度函数以输电线路最大风速设计值 V_d 为基准进行确定,可以采用分级划分或者连续函数形式,如图 3-15 所示。

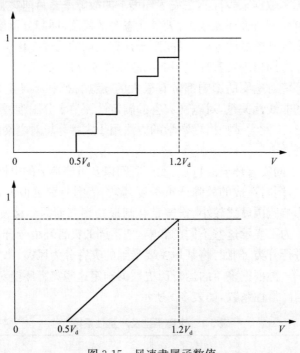

图 3-15　风速隶属函数值

　　②其他灾害。

　　除了风灾影响,其他灾害的隶属函数值确定与风灾类似,先分析灾害环境的特点,根据气象检测信息判断灾害发生的严重性,确定隶属函数值。灾害类型严重性系数和隶属度都确定之后,据此可得到一个综合天气条件函数值[37]。各灾害类型的严重性系数以 α_i 表示,隶属函数值以 ε_i 表示,综合函数值以 x 表示,计算公式为

$$x = \sum_{i=1}^{n} \alpha_i \varepsilon_i \bigg/ \sum_{i=1}^{n} \alpha_i \qquad\qquad (3\text{-}6)$$

指数函数模型能较好地模拟灾害环境对设备故障率的影响,计算公式为

$$p(x) = Ae^{Bx} + C \tag{3-7}$$

其中,$A = \dfrac{[p(1/2) - p(0)]^2}{p(1) - 2p(1/2) + p(0)}$;$B = 2\ln\dfrac{p(1) - p(1/2)}{p(1/2) - p(0)}$;$C = P(0) - A$;
$p(0)$、$p(1/2)$、$p(1)$ 分别为对应函数值为 0、1/2、1 的天气情况下的故障率。在实际应用中,$p(1/2)$ 可以取为平均故障率,而 $p(0)$、$p(1)$ 可以通过历史故障数据的统计分析得到。当系统运行时出现该类因素导致的隐性故障,则 P_H 可以直接取式(3-7)求得的概率。

(4) 通过分析国家电网公司继电保护装置的运行情况,可以看出,在实际的运行中,误碰和运行维护不良也是造成继电保护发生误动作的因素,我们把这类原因造成的误动也归结为继电保护隐性故障。

设保护装置由于该类因素误动的次数为 q,每条线路保护装置动作的次数为 n_i,则保护装置隐性故障发生的概率为

$$P_o = \frac{q}{\displaystyle\sum_{i=1}^{M} n_i} \tag{3-8}$$

上面所述第一类可修复隐性故障和第四类误动作的因素造成的隐性故障的发生概率可以统一由全国继电保护运行情况的数据统计直接获得。当系统中出现第二类或者第三类隐性故障时,将式(3-4)、式(3-7)计算出来的概率值直接当成 P_H 的值。当选取好 P_H 后,对于不同负载率的线路可以通过下式来得到隐性故障发生概率,即

$$P_i = \begin{cases} P_H, & F_i < F_{\text{Limit}} \\ (F_i - F_{\text{Limit}}) \times \dfrac{P - P_H}{1.4F_{\text{Limit}} - F_{\text{Limit}}} P_H, & F_{\text{Limit}} < F_i < 1.4F_{\text{Limit}} \\ P, & F_i > 1.4F_{\text{Limit}} \end{cases} \tag{3-9}$$

其中,P_i 为第 i 条线路保护发生隐性故障的概率;F_i 为系统中各条线路的潮流;P 为继电保护正确动作的概率。

3.2.4　隐性故障造成输电线路连锁跳闸的概率模型

1. 风险区域故障概率计算

线路发生故障(事件 m)和故障落入保护风险区域(事件 n)为两个独立事件,则保护风险区域内发生故障的概率 $P(E_i)$ 为

$$P(E_i) = P(m)P(n) \tag{3-10}$$

其中，$P(m)$ 为线路发生故障的概率；$P(n)$ 为故障落入保护风险区域的概率。

1) 线路发生故障的概率

线路发生故障的概率通常采用泊松分布来模拟，在给定的时间 t 内发生故障的概率为

$$P(m) = 1 - e^{-\lambda_i t} \tag{3-11}$$

其中，λ_i 为所观察时间 t 内线路 i 的平均故障率，由于故障持续时间通常很短，可用故障发生的频率代替平均故障率，故障频率可通过历史记录得到；t 取决于在线数据更新的周期，即 EMS 数据更新的周期。

2) 故障落入保护风险区域的概率

设故障在线路上的分布满足均匀分布（即等概率分布），则故障在线路上出现的密度分布函数为

$$f(l) = \frac{l}{L_i}, \quad 0 < l < L_i \tag{3-12}$$

其中，L_i 为线路 i 的长度；l 为线路的长度变量，所以故障出现在线路 i 的风险区域的概率可由密度分布函数在风险区域 A_i 上的积分得到，即

$$P(A_i) = \int_{A_i} \frac{1}{L_i} \mathrm{d}l = \frac{l_{A_i}}{L_i} = \frac{Z_{l_{A_i}}}{Z_{L_i}} \tag{3-13}$$

其中，$P(A_i)$ 为线路 i 的故障落入风险区域的概率；l_{A_i} 为线路 i 上风险区域的长度，$Z_{l_{A_i}}$ 为风险区域对应线路 i 的阻抗；Z_{L_i} 为线路 i 的阻抗。因此，应用全概率定律就能得到隐性故障在多条线路上的风险区域故障概率：

$$P(k_j) = \sum_{i=1}^{M} (1 - e^{-\lambda_i t}) \frac{Z_{l_{A_i}}}{Z_{L_i}} \tag{3-14}$$

其中，$P(k_j)$ 为保护装置 j 的风险区域故障概率；M 为风险区域的数量。

2. 保护装置隐性故障概率计算

设线路 i 发生故障的次数为 n_i，可由风险区域故障密度分布函数计算出风险区域发生故障的次数 n_i 为

$$n_i = N_i P(A_i) = \frac{N_i l_{A_i}}{L_i} \tag{3-15}$$

设保护装置 j 非选择性误动的次数为 q_j，则保护装置 j 隐性故障发生的概率为

$$P(f_j) = \frac{q_j}{\sum\limits_{i=1}^{M} n_i} \tag{3-16}$$

3. 保护系统隐性故障误切线路的概率模型

根据隐性故障误切线路的两个必要条件,可计算出继电保护装置 j 发生隐性故障误切线路的概率 P_{HF_j} 为

$$P_{HF_j} = P(k_j)P(f_j) \tag{3-17}$$

因为任何保护装置发生隐性故障误切线路都属于小概率事件,所以可以忽略两个及两个以上保护装置同时发生隐性故障误切线路的概率,则线路整套保护系统因隐性故障误切线路的概率 P_{HF} 为

$$P_{HF} = \sum_{j=1}^{m} P(k_j)P(f_j) \tag{3-18}$$

其中,m 为保护装置的数量。

3.2.5　基于隐性故障模式的系统 N-K 分析

传统的 N-1 分析是现有对电力系统可靠性分析的有效方法,但仍不足以评估可能导致电网连锁故障的脆弱性,存在隐患的保护装置会在系统发生 N-1 故障时,使本来不那么严重的情况迅速恶化,这是因为保护的隐性故障在一般情况下没有暴露出来,而当系统出现故障或过载等反常情况时,却容易被触发,导致系统在短时间内进入多重故障状态,极大地增加了系统大停电的可能。因此需要分析 N-2 甚至更高阶的 N-K 预想事故。从保护的隐性故障模式分析出发,系统分析隐性故障可能引起的线路误动集合,从而确定可信的 N-K 预想事故。

1. N-K 分析方法与步骤

根据方向闭锁保护和相间距离保护的动作原理,以及整定值得出输电线路保护的隐性故障风险区间,假设初始故障发生在该风险区间时,触发隐性故障,导致其他线路断开。根据 3.1.2 描述的隐性故障模式分析不同线路发生初始故障时可能出现的故障组合,形成准误动集。零序电流保护的 Ⅱ 段和 Ⅲ 段的整定与距离保护的 Ⅱ 段和 Ⅲ 段相同,因此,零序电流保护的风险区间与线路上的距离保护的风险区间相同。

例如,当初始故障发生在线路 L_{15} 上时,如果线路保护存在隐性故障,有可能误动的线路有线路 L_1、L_2、L_{13}、L_{14}。

对隐性故障而言,多重隐性故障同时发生的可能性比较小,只考虑单重隐性故

障被触发的 N-K 情况,即初始故障线路断开最多只会造成其风险区间中的 1 条线路断开,并且隐性故障造成的线路开断后不再引发其他的隐性故障。分析所有线路保护的隐性故障模式,确定保护的风险区间,同一线路多个保护的风险区间等于各保护风险区间的并集。根据当初始故障发生在不同线路的不同位置时可能的故障组合形成准误动集,然后进行 N-K 故障分析。

2. 算例分析

以 IEEE 10 机 39 节点新英格兰电力系统为测试系统,相关线路图如图 3-16 所示,假设所有线路配备方向比较闭锁保护和光纤电流差动保护为主保护,距离保护和零序电流保护为后备保护,暂不考虑变压器支路,随机初始故障为三相短路故障。

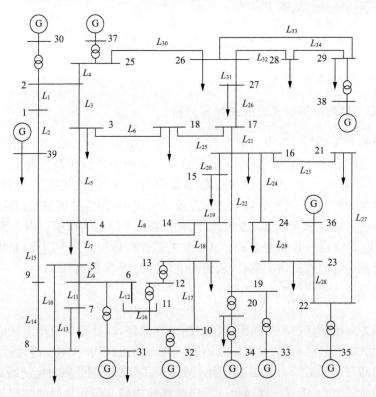

图 3-16　IEEE10 机 39 节点系统图

1) 以有功潮流越限为指标的系统隐性故障 N-K 分析流程

N-K 分析流程图如图 3-17 所示。

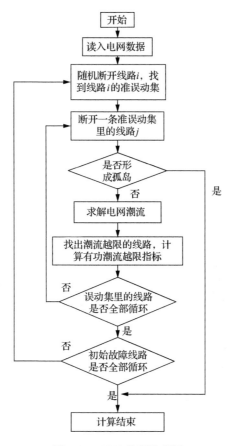

图 3-17　N-K 分析流程图

采用 MATLAB 对系统进行 N-2 潮流计算,并将事故根据分析的需要,按反映
有功潮流越限严重程度进行排序,反映有功潮流越限的性能指标如下:

$$\text{PI} = \sum_{l \in \alpha} \omega_l \left| \frac{P_l}{P_{\lim}} \right| \tag{3-19}$$

其中, P_l 为线路 $l, l \in \alpha$ 上的有功潮流; $P_{\lim}$ 为线路 l 有功潮流极限值, α 表示所有
有功潮流越限的支路集合, ω_l 是对应到线路 l 的权重系数,是线路 l 上有功潮流所
占系统潮流的比值:

$$\omega_l = \frac{P_l}{\sum_{i=1}^{m} P_i} \tag{3-20}$$

其中, m 为 IEEE 39 节点系统线路数。IEEE 39 节点系统 N-K 预想事故按有功潮
流越限的严重程度排序如表 3-2 所示。

表 3-2　有功潮流越限指标排序

初始故障线路	误动线路	PI
9	11	0.2232
3	31	0.1957
10	13	0.1701
12	8	0.1597
9	13	0.1467
1	3	0.1268
9	18	0.1165
20	25	0.1123
20	27	0.1047
3	30	0.1031

上述故障组合中,排序 1、5 的故障组合与初始故障在指定线路上发生的位置无关,即当初始故障发生在指定线路的任意位置时,只要相应线路的保护存在隐性故障,都会引起该线路误动。

由上述排序可知,当初始故障发生在线路 L_9 时,若线路存在隐性故障的保护,则发生误动的线路造成的线路过载比较严重,如线路 L_{11}、L_{13}、L_{18} 会导致系统的连锁过载;因此线路 L_9 是系统的脆弱线路,应该重点监控;同时 L_{11}、L_{13}、L_{18} 等线路的距离Ⅲ段保护也应密切监控,防止其误动。

初始故障发生在 L_9 导致的后续保护误动会引起较严重的后果,因此邻近线路,如 L_{11}、L_{13}、L_{14}、L_{18} 等线路的距离保护Ⅲ段整定值应尽量避免其风险区段涉及 L_9。

2) 以系统损失负荷为指标的隐性故障 N-K 分析流程

流程图如图 3-18 所示。

根据程序运行结果中的负荷损失量为指标进行排序,排序结果如表 3-3 所示。

表 3-3　损失负荷指标排序

初始故障线路	误动线路	损失负荷/MW
9	18	2133
27	29	1681.359
9	8	1665.4
9	13	1665.4
3	8	1644
18	20	1640

续表

初始故障线路	误动线路	损失负荷/MW
20	25	1494.8
16	12	1300
3	30	1132
9	11	1124.6

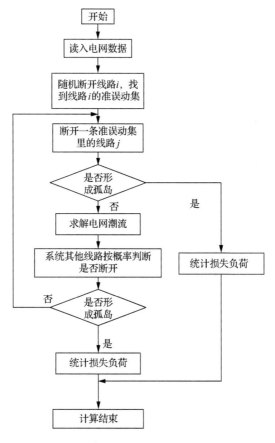

图 3-18　N-K 流程图

由表 3-3 可以看出,当初始故障在线路 L_9 上时,若线路存在隐性故障的保护,线路 L_{18} 误动断开,导致系统损失负荷较大,损失负荷 2133MW,会造成系统的连锁故障,危害性很大。初始故障发生在 L_9 导致的后续保护误动,线路 L_8、L_{13}、L_{11}的断开,也给系统造成很大的损害,系统因损失负荷量过大,将事故扩大到整个系统。由此可以看出,初始故障发生在 L_9 时,因保护隐性故障的存在,会引起较严重的后果,因此对系统脆弱线路 L_9,应当重点监控,防止因保护装置隐性故障的误动加重系统的连锁故障。

3.3　电网关键节点及薄弱环节识别方法

3.3.1　电网关键线路的判别方法

　　研究发现,电力系统的连锁故障多是从某一元件故障开始,系统潮流重新分配,导致其他元件相继发生故障。这些元件是电网的薄弱环节,是连锁故障发生的重要因素,找出这些脆弱元件,并采取相应的措施进行预防能有效减少大面积停电事故发生的概率,对电力系统运行具有重要的意义。

　　目前,对复杂网络理论的研究为电网薄弱环节的辨识奠定了基础。各种复杂网络指标都是从系统的连通性和元件位置信息出发的,从某单一方面评估系统元件的关键程度,每一个指标的关注侧重点不同,得到的系统薄弱环节不同。本书定义整体性指标,从潮流分布情况评估电网薄弱元件,考虑到单一指标辨识结果可能不够全面,提出基于层次分析法的综合指标电网薄弱环节的识别模型,加入效用风险熵和马尔可夫链输电线路风险评估,综合考虑各种因素,辨识电力系统的薄弱环节,使辨识结果更加全面。

　　1. 整体性指标

　　电力系统在其运行的过程中,由于系统中元件之间的非线性作用,会使系统自发地运行到一种临界状态,即自组织临界状态(Self-Organized Criticality,SOC)。当电力系统处于自组织临界状态时,任何微小的局部扰动就有可能引发大停电事故。所以对电网来说,越能够激发系统进入自组织临界状态的元件,就越薄弱。

　　在研究电力系统的自组织临界性时发现"当某部分发生故障后,系统是否处于自组织临界状态与此时系统元件负载率在双对数坐标图中分布曲线的斜率绝对值有关,分布曲线的斜率绝对值越大,电力系统发生大规模停电事故的概率就越大"。因此,可以将电网元件退出运行后负载率在双对数坐标图中分布曲线的斜率作为一个系统的整体性指标来辨识电网的薄弱环节。

　　元件的负载率为

$$l_i = \frac{F_i}{F_{i,\max}} \tag{3-21}$$

其中,l_i 是元件 i 的负载率;F_i 是元件 i 上流过的有功潮流;$F_{i,\max} = \dfrac{F_i}{\beta_i}$ 为元件 i 上流过的最大允许传输容量,β_i 为元件 i 的故障程度值。

当电网线路 i 故障后,在双对数坐标图中绘出系统仍在运行元件负载率的分布曲线,利用最小二乘法对各数据点进行线性回归,得到回归直线的斜率 k_i,同时对回归方程进行显著性检验,如果回归方程有效,则定义电网薄弱节点辨识的整体性指标 w_i 为:

$$w_i = |k_i| \tag{3-22}$$

显然,如果电网线路 i 退出运行后,整体性指标值 w_i 越大,系统进入自组织临界状态的可能性就越大,即电网发生大停电事故的概率越大,因此该元件就越薄弱。

以 IEEE 39 节点系统进行模拟测试,系统接线如图 3-19 所示。

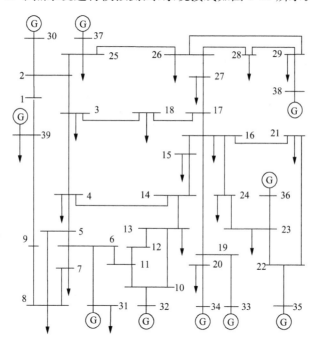

图 3-19　IEEE 39 系统接线图

将某一条线路断开,仿真计算得到基于整体性指标的薄弱环节,如表 3-4 所示。

表 3-4　基于整体性指标的支路脆弱程度值及排序

排序	输电线路	整体性指标值
1	16-19	0.7758
2	15-16	0.7484
3	2-25	0.7098

续表

排序	输电线路	整体性指标值
4	2-3	0.7085
5	26-27	0.7058
6	10-11	0.6704
7	10-13	0.6408
8	16-17	0.5414
9	13-14	0.5380
10	21-22	0.5357

　　线路 16-19 退出运行时,电网直接解列,潮流重新分配。负载率大于 2 的有 3 条,1.5~2 的线路有 3 条,1~1.5 的线路有 6 条。线路负载率整体比较高,整体性指标越大,当其断开时对系统的影响严重,线路薄弱。2-25 断开时,连接在节点 37 的发电机将不能直接向节点 2、3 输送功率,引起其他线路潮流分配发生变化,超过线路的功率极限,如线路 25-26 的负载率为 4.08,严重过载,引起电力系统的稳定性破坏。两条线路断开后整体性指标的对比如图 3-20 所示,从图中可以看出 16-19 断开后,利用最小二乘法对各数据点拟合的负载率线性回归直线要比 2-25 断开时陡,即 $w_{16-19} > w_{2-25}$。

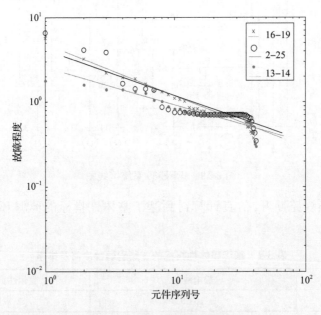

图 3-20　负载率分布曲线对比

线路 13-14 断开后负载率都较小,且分布要比 16-19、2-25 断开时均匀,它的断开引发系统进入自组织临界性的可能性明显要小,所以薄弱程度低于线路 16-19、2-25。

2. 薄弱环节判断的其他指标

1)效用风险熵指标

效用风险熵定义为

$$D_i = -\sum_{i=1}^{n} \frac{u_i p_i}{\sum\limits_{i=1}^{n} u_i p_i} \ln p_i \qquad (3\text{-}23)$$

其中,p_i 为元件 i 的能量概率分布;u_i 为价值系数。

效用风险熵通过综合概率分布和结果价值来表征系统风险的总体不确定性。将系统中元件断开后的潮流转移和负载率分别代表概率分布和价值系数,将效用风险熵应用到电力系统中作为电网薄弱环节的辨识的指标。

元件 i 断开后引起支路 j 的潮流转移量为

$$\Delta F_{ji} = |F_{ji} - F_{ji0}| \qquad (3\text{-}24)$$

其中,F_{ji0} 为元件 i 断开前支路 j 的潮流;F_{ji} 为元件 i 断开后支路 j 的潮流。定义潮流转移系数为

$$\delta_{ji} = \frac{\Delta F_{ji}}{\sum\limits_{j=1}^{N} \Delta F_{ji}} \qquad (3\text{-}25)$$

所以元件 i 的效用风险熵为

$$D_i = -\sum_{j=1}^{N} \frac{l_{ji}\delta_{ji}}{\sum\limits_{i=1}^{N} l_{ji}\delta_{ji}} \ln \delta_{ji} \qquad (3\text{-}26)$$

当支路潮流转移系数相等且负载率相同时,支路的效用风险熵达到最大值,各支路均摊支路 i 退出运行带来的潮流转移且分布特性一致,从而将各支路上的潮流冲击风险降到最小,各支路越限的可能性最低,给系统带来的冲击最小。支路脆弱度指标越小,支路退出运行造成的潮流冲击越不均衡,引发连锁故障的风险越大。效用风险熵越小,支路断开后系统越不稳定,引发连锁故障的风险越大。元件的效用风险熵越小,该元件断开后系统就越不稳定,该元件就越薄弱。

2)马尔可夫链线路风险指标

马尔可夫过程是一种重要的随机过程,在该过程中,t_n 时刻随机变量的概率与 t_{n-1} 时刻随机变量的取值有关,而与 t_{n-1} 以前的过程无关。符合输电线路工作状态

的随机性,与传统的蒙特卡罗等实验方法相比更加准确和有效。利用马尔可夫链外推线路在内、外因素的影响下的运行状态,计算故障对电力系统影响的严重程度,评估线路风险。故障严重程度值为

$$R_i = p_i S_i \tag{3-27}$$

其中, p_i 为线路 i 的故障率; S_i 为线路 i 的严重程度。

目前,衡量线路故障后对系统造成影响的指标已有不少,主要可以分为如下三个方面:电能质量指标(电压偏移、频率偏移等)、安全性指标(有功/无功裕度、负荷率、高负荷率等)以及经济性指标(失负荷率/量、社会损失等)。显然,即使是同一故障,不同指标计算得到的影响严重程度也不尽相同,其结果(严重度排序)会存在可信度不高的可能。因此,合理地选择评估指标,满足系统操作人员的需求是基准。具体的指标选取如下。

(1) 电能质量指标。

考虑到现代电网的规模,其容量较大,一般线路故障所引起的全网频率变化值非常小,量化区别效果不明显;而电压偏移往往具有局部性,且变化值较为明显。因此,本书选取电压偏移程度作为电能质量影响严重度指标。依据供电电压允许偏差,电压偏移量不得超过±10%,定义电压偏移影响严重度指标如下:

$$S_{Q,i}(l) = \begin{cases} 1, & u_i(l) < 0.9u_i^N(l) \bigcup u_i(l) > 1.1u_i^N(l) \\ 10\left|\dfrac{u_i(l) - u_i^N(l)}{u_i^N(l)}\right|, & 0.9u_i^N(l) \leqslant u_i(l) \leqslant 1.1u_i^N(l) \end{cases}$$

$$\tag{3-28}$$

$$S_Q(l) = \sum_{i=1}^{n_B} S_{Q,i}(l) \tag{3-29}$$

其中, $S_{Q,i}(l)$ 为线路 l 故障后母线 i 的电压偏移影响严重度; $u_i(l)$ 为线路 l 故障后母线 i 的电压值; $u_i^N(l)$ 为线路 l 故障后母线 i 的额定电压值; $S_Q(l)$ 为线路 l 故障后系统的电压偏移影响严重度;该影响描述如图 3-21 所示。

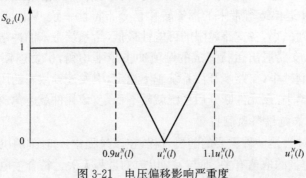

图 3-21　电压偏移影响严重度

（2）安全性指标。

选取线路负载水平作为衡量线路安全性影响严重度指标，具体定义如下：

$$S_{s.k}(l) = \begin{cases} 0, & P_k(l) < P_k^N(l) \\ \dfrac{P_k(l) - P_k^N(l)}{P_k^{\lim}(l) - P_k^N(l)}, & P_k^N(l) < P_k(l) < P_k^{\lim}(l) \\ 1, & P_k(l) > P_k^{\lim}(l) \end{cases} \tag{3-30}$$

$$S_s(l) = \sum_{k=1, k \neq l}^m S_{s.k}(l) \tag{3-31}$$

其中，$P_k(l)$ 为线路 l 故障后线路 k 的实时传输有功功率；$P_k^N(l)$ 为线路 l 故障后
线路 k 的额定传输功率；$P_k^{\lim}(l)$ 为线路 l 故障后线路 k 的极限传输功率；$S_{s.k}(l)$
为线路 l 故障后线路 k 的安全裕度水平；$S_s(l)$ 为线路 l 故障后系统的安全裕度水
平。其影响描述如图 3-22 所示。

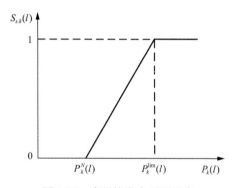

图 3-22　容量裕度水平严重度

（3）经济性指标。

如前面分析，在计及系统出力损失和负荷损失的基础上，考虑社会影响，无疑
能提高评估的深度和广度。但要做到真正将系统变化与社会影响所对应，却并非
易事，即影响因素太多。因此，这里选取机组出力变化损失与负荷损失作为经济性
影响严重度指标，具体定义如下：

$$S_{E.G}(l) = \frac{\displaystyle\sum_{i=1}^{n_G} a_i \Delta P_{Gi}(l)}{\displaystyle\sum_{i=1}^{n_G} a_i P_{Gi}^0} \tag{3-32}$$

$$S_{E.L}(l) = \frac{\displaystyle\sum_{i=1}^{n_L} b_i \Delta P_{Li}(l)}{\displaystyle\sum_{i=1}^{n_l} b_i P_{Li}^0} \tag{3-33}$$

其中，$S_{E.G}(l)$为线路 l 故障后引起的系统机组出力变化损失严重度；$\Delta P_G(l)$为线路 l 故障后引起发电机节点 i 出力变化量；P_{Gi}^0为发电机节点 i 初始出力；a_i 为对应的机组权重；n_G为发电机节点集合；$S_{E.L}(l)$为线路 l 故障后引起的系统负荷损失严重度；$\Delta P_{Li}(l)$为线路 l 故障后引起节点 i 上的负荷损失量；b_i 为对应的负荷权重；P_{Li}^0为故障前节点 i 上的初始负荷大小；n_L为负荷节点的集合。系统综合影响严重程度为

$$S_I = 0.063S_Q + 0.437S_S + 0.250S_{E.G} + 0.250S_{E.L} \qquad (3\text{-}34)$$

线路退出运行时，R_i 的值越大，该线路越脆弱。

3. 基于层次分析法综合评价指标

基于自组织临界性的整体性指标对电力系统薄弱环节的评估只是考虑潮流分布的均匀情况，结果可能不够全面。本书在整体性指标的基础上，加入效用风险熵和基于马尔可夫链的输电线路风险评估指标，对其综合赋权，权重值直接影响到系统薄弱环节的评估。本书采用主、客观结合的方式确定指标间的权重值，客观权重是数据本身所蕴涵的信息，主观权重是根据专家的运行经验对指标的重要程度进行评判。主观权重的确定使用层次分析法。层次分析法按照主次或支配关系将复杂问题层次化，将对指标的定性判断转化为定量计算。

1) 指标标准化处理

评估指标的量纲不同，可比性就不强，为了消除量纲效应，需对评估指标值进行标准化处理。

对于自组织临界性指标、基于马尔可夫链的输电线路风险指标来说，指标绝对值越大，支路越脆弱。处理公式为

$$w_{ij} = \frac{w_{ij} - \min(w_{ij})}{\max(w_{ij}) - \min(w_{ij})} \qquad (3\text{-}35)$$

对效用风险熵来说，效用风险熵越小，支路越限危险越大，处理公式为

$$w_{ij} = \frac{\max(w_{ij}) - w_{ij}}{\max(w_{ij}) - \min(w_{ij})} \qquad (3\text{-}36)$$

2) 客观权重

在评估系统薄弱环节时，本书采用优化算法将系统所处危险降到最小。判定矩阵 A 中的元素为

$$A_{ij} = \frac{s_i}{s_i + s_j}, \quad i = 1 \sim n, j = 1 \sim n \qquad (3\text{-}37)$$

其中，n 为评价指标的个数；s_i 为指标的标准差。

$$\rho = \frac{1}{n(n-1)(n-2)} \sum_{i=1}^{n-1} \sum_{j=i+1}^{n} \sum_{\substack{k=1 \\ k \neq i,j}}^{n} |A_{ij} - (A_{ik} + A_{kj} - 0.5)|$$ 用来检验判断矩阵

$\boldsymbol{A}$ 的加性一致性。当 $\rho < \zeta$(一般取 $\zeta = 0.2$)时,可认为加性一致性比较好。

权重计算公式为

$$a_i = \frac{1}{n} - \frac{1}{2\beta} + \frac{1}{n\beta} \sum_{k=1}^{n} A_{ik}$$

其中,$\beta = (n-1)/2$。

评估模型的目标函数为

$$\min CIC(n) = \sum_{i=1}^{n} \sum_{j=1}^{n} \left| \frac{1}{2}(n-1)(a_i - a_j) + \frac{1}{2} - B_{ij} \right| / n^2 \qquad (3\text{-}38)$$

一般情况下认为当 $CIC(n) < 0.15$ 时,各权重计算值是可以接受的。

经计算,客观权重值如表 3-5 所示,$\rho = 2.5 \times 10^{-4} < 0.2$,$CIC(n) = 1.1 \times 10^{-4} < 0.15$,满足加性一致性条件,所得权重也是可以接受的。

表 3-5　客观权重值

指标 W_i	W_1	W_2	W_3
权重值 a_i	0.3242	0.3112	0.3646

3)主观权重

运用指标标准差得到的权重是数据本身所具有的属性,目的是将电网的风险值降到最小,并不反映指标对电网薄弱环节识别的重要程度,这时需要尊重专家的意见,根据专家的运行经验评估指标之间的重要程度。

使用九标度法确定判断矩阵 $\boldsymbol{B}$ 为

$$\boldsymbol{B} = \begin{bmatrix} 1/3 & 1/3 & 1 \\ 1 & 1 & 3 \\ 1 & 1 & 3 \end{bmatrix}$$

判断矩阵 $\boldsymbol{B}$ 的一致性检验时的指标为 $CI = \dfrac{\max(\lambda) - n}{n-1}$,用一致性比率 $CR = CI/RI$ 对 $\boldsymbol{B}$ 进行一致性校验。其中,λ 为 $\boldsymbol{B}$ 的特征值,RI 为平均随机一致性指标(可查表得),若 $CR < 0.1$,认为判断矩阵的一致性是可以接受的。

经计算,主观权重值如表 3-6 所示,$CR = 0 < 0.1$,矩阵一致性检验合格。

表 3-6　主观权重值

指标 W_i	W_1	W_2	W_3
权重值 b_i	0.4286	0.4286	0.1428

4) 综合权重

在综合权重中,认为主、客观因素对电网薄弱环节的辨识贡献程度一样大,表达式为

$$c_i = \frac{a_i + b_i}{\sum_{i=1}^{n} (a_i + b_i)} \tag{3-39}$$

计算得出综合权重值如表 3-7 所示。

表 3-7　综合权重值

指标 W_i	W_1	W_2	W_3
权重值 c_i	0.3764	0.3699	0.2537

4. 基于层次分析法综合评价指标的仿真模型

电力系统的运行模型能反映电网的运行状态,不同模型对系统薄弱环节的选择有直接影响。

1) 断线方式

根据《电力系统安全稳定导则》,电力系统的静态安全分析一般采用 N-1 原则。方法是:依次断开线路、变压器等元件,查看系统潮流的再分配和电压波动等,用以检验电网结构强度和运行方式。

2) 计及天气因素、老化因素和输电线路过负荷的线路停运概率模型

目前国内外对电网进行可靠性评价或者风险评价大都是基于历年统计数据计算元件失效概率,且电力系统的传统风险评价中常常忽略老化模型等[38-40]。在电网的运行过程中,设备的老化已经成为导致电力元件失效的重要因素,在这种情况下,忽略老化失效必将低估元件的风险。除了老化失效模型,恶劣天气条件下元件发生故障的机会也会明显增加。对电网元件故障率影响很大的天气一般归为恶劣天气,如雷雨、大风、冰雹、雨雾等[41,42]。在以上各种恶劣天气下易造成的电网故障主要包括:雷雨造成的闪络、大风造成线路舞动、冰雪天气造成的线路覆冰断线、雨雾天气下造成的大面积污闪跳闸等。与其他影响因素相比较,恶劣气候状况导致的线路故障量占总故障量的 33%。因此,本书提出基于天气因素、老化因素和线路过负荷三方面因素建立元件停运概率模型,建立框图如图 3-23 所示。

在涉及多因素独立停运时,可应用并集的概念。设有两个独立停运,则可应用如下公式计算其等值的停运概率:

$$P_e = P_1 \bigcup P_2 = 1 - (1 - P_1)(1 - P_2) = P_1 + P_2 - P_1 P_2 \tag{3-40}$$

这组公式可反复用于两个以上停运因素的影响。本书所提出的三种停运模型

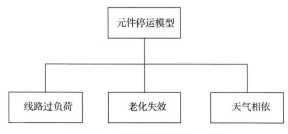

图 3-23　元件停运模型建立框图

互相比较,应用以上理论可得,计及三方面因素的电网元件的停运概率为

$$P_e = P_1 \bigcup P_2 \bigcup P_3 = 1 - (1 - P_1)(1 - P_2)(1 - P_3)$$
$$= P_1 + P_2 + P_3 - P_1 P_2 - P_1 P_3 - P_2 P_3 + P_1 P_2 P_3 \qquad (3\text{-}41)$$

其中,P_1 为天气相依的线路失效概率;P_2 为线路过负荷故障概率;P_3 为线路老化失效率,体现了线路失效概率受线路服役年限的影响[43-45]。

3) 仿真流程

(1) 读入电网数据,令 $i = 1$。

(2) 线路 i 断开,支路退出运行。

(3) 潮流计算,计算整体性指标、效用风险熵。

(4) 按照计及天气因素、老化因素和输电线路过负荷的线路停运概率模型,判断系统断线。

(5) 根据断线情况,判断系统是否切除负荷或形成孤岛,如果有,进入第(6)步;没有则进入第(7)步。

(6) 统计损失负荷量。

(7) 计算基于马尔可夫链的输电线路风险。

(8) 令 $i = i + 1$,判断 $i \leqslant N$ 是否成立。如果成立,进入第(2)步;不成立,则进入第(9)步。

(9) 将 3 种指标归一化,基于层次分析法得出指标综合权重 c_1、c_2、c_3。

(10) 综合指标值 $W = c_1 W_1 + c_2 W_2 + c_3 W_3$,将 W 从大到小排序,得出系统的薄弱环节。

辨识薄弱环节流程图如图 3-24 所示。

5. 算例分析

1) 3 种指标对比分析

3 种指标均采用图 3-16 系统接线图进行仿真,将整体性指标(方法 1)、效用风险熵指标(方法 2)和基于马尔可夫链的输电线路风险评估指标(方法 3)得出的薄弱环节进行对比,如表 3-8 所示。

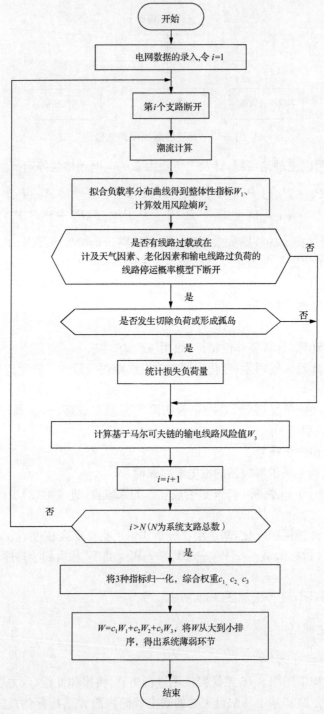

图 3-24　辨识薄弱环节流程图

表 3-8　不同方法评估的薄弱环节

排序	方法 1	方法 2	方法 3
1	16-19	16-19	21-22
2	15-16	14-15	23-24
3	2-25	15-16	16-21
4	2-3	13-14	16-19
5	26-27	2-3	13-14
6	10-11	16-24	6-11
7	10-13	4-5	10-13
8	16-17	16-17	10-11
9	13-14	5-6	26-27
10	21-22	26-28	6-31

表 3-8 列出了不同指标下电力系统的薄弱环节。可以看出整体性指标评估的脆弱支路与其他两种方法基本一致,验证了整体性指标的有效性。

为验证薄弱线路对电力系统的影响,本书采用不同的方法移除电网线路,计算网络的平均效能来定量评估网络连通性。系统的连通性越低,网络的平均效能就越小。

方法 1:依次移除整体性指标辨识的 10 条电网薄弱线路。

方法 2:依次移除马尔可夫指标辨识的 10 条电网薄弱线路。

方法 3:依次移除效用风险熵指标辨识的 10 条电网薄弱线路。

在不同方法下移除线路得到的网络效能如图 3-25 所示。

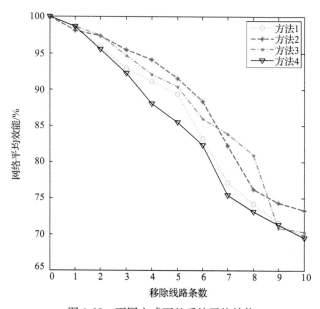

图 3-25　不同方式下的系统平均效能

从图 3-25 中可以看出,使用方法 1 移除电网的薄弱线路对系统网络平均效能的影响要比方法 2、方法 3 大。且使用方法 1 移除线路后,网络效能曲线在方法 2、方法 3 下面,即此时网络的平均效能比方法 2、方法 3 要低,说明整体性指标下辨识的薄弱环节比效用风险熵和马尔可夫指标的辨识结果更有效,从而验证了整体性指标的正确性。

然而由于评估指标的不同,对同一个系统得出的薄弱环节不尽相同。所以如果考虑将这三种指标综合,其结果将会更全面和有效。

2)综合指标分析

图 3-26 为综合指标下的支路脆弱程度值分布图,选取排序前十位,列出薄弱程度值如表 3-9 所示。

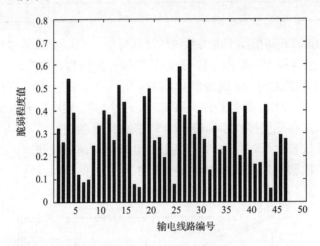

图 3-26　支路综合脆弱程度分布图

表 3-9　综合指标下的支路脆弱程度值

排序	输电线路	脆弱程度值
1	16-19	0.70
2	15-16	0.59
3	2-3	0.54
4	10-13	0.54
5	13-14	0.51
6	6-11	0.49
7	2-25	0.46
8	10-11	0.43
9	26-27	0.42
10	21-22	0.42

对比表 3-8、表 3-9 分析,综合权重下的薄弱线路与其他 3 种指标辨识的结果发生变化,这主要是指标贡献程度不同的缘故。线路 16-19 是发电机 33、34 向系统输送功率的重要通道,当它断开时,电网解列成两部分,负载率斜率为－0.7758,潮流分布不均匀,对相邻线路的冲击影响较大。效用风险熵值很小,计及负荷损失、出力损失,损失量为 498.17MW,损失比较严重。三种指标单独的情况下,16-19 都相当严重,在综合指标下将其辨识出来合乎常理。支路 21-22 在方法 1 中排名靠后,在方法 2 中未能反映,而在指标 3 中得到辨识,这是因为 21-22 退出运行时,潮流转移和潮流分布相对比较均匀,负载率斜率绝对值小,效用风险熵值大(归一化指标值都较小,脆弱程度值小)。从这个角度来说,它们不脆弱。但从马尔可夫链输电线路风险评估(方法 3)角度出发,其断开在负载水平、负荷损失方面对系统造成的影响很大,危险程度高。在综合指标下,方法 3 所占的比重相对较大,所以 21-22 被反映出来。

依次移除通过综合指标辨识的电网薄弱线路(定义为方法 4),得到电网的效能如图 3-25 所示。从图中可以明显看出,按方法 4 移除线路后系统的效能比其他 3 种方法整体上都要低,也就证明综合指标对电网薄弱环节辨识的效果更好。所以,将其应用到实际电网薄弱环节的辨识是可行的。

系统的脆弱性,是电网的一个基本属性,体现子系统元件的个体行为对整个系统运行状态的影响。这些脆弱元件是电网中的薄弱环节,一旦发生故障,就可能会引起连锁故障,导致系统崩溃[3,46]。找出电网中的脆弱元件并采取相应措施,对预防大面积停电具有重要意义。本书定义了自组织临界性指标,并通过仿真验证了其在薄弱环节评估中的有效性,但它得到的结果不够全面[47,48]。在此基础上,为了体现 SOC 指标、效用风险熵和基于马尔可夫链的输电线路风险评估这 3 种指标的互补性,采用层次分析法对它们综合赋权,将指标的定量化控制在合理范围之内,有效地将电力系统中的薄弱环节辨识出来,并对其重点保护。一旦故障立即采取紧急控制措施消除过载,给电力系统运行人员提供了可靠依据。

3.3.2　电网关键节点的判别方法

随着现代社会的发展,电网逐渐实现了大规模互连,在提高系统运行效率的同时,也增加了小范围故障引发大面积停电事故的可能性。节点作为系统中功率传输的重要一部分,若因人为或自然灾害产生故障而导致节点退出系统运行,将会引起网络连通性、元件传输能力等的下降。其中某些薄弱节点故障往往会起到助推作用,从而导致全系统大面积瘫痪。因此,定位电网中的薄弱节点并加强监控,对预防大面积停电事故发生、提高系统的安全稳定性具有重要的意义。

然而,不论是结构脆弱性评估还是状态脆弱性评估,这些研究方法都忽略了节点负荷的影响。而在复杂电力系统中,负荷作为系统的重要变量之一,与大停电事故的发生有着密切联系。所以,在辨识电网的薄弱节点时,系统的损失负荷是一个不可忽略的影响因素。针对以上研究现状和分析,本书首先根据电力系统自组织临界特性,定义了电网薄弱节点辨识的整体性指标,以系统中各元件负载率在双对数坐标中分布曲线的斜率定量分析电网发生大规模停电的概率。然后结合系统负载率和损失负荷相对值,给出综合薄弱度辨识指标[49-52]。以 IEEE 39 系统为例,验证了指标应用到实际电网中的有效和可行性。最后对甘肃电网仿真,结果表明,综合薄弱度指标能够较好地发现电网的薄弱节点[53,54]。相关结果可以为预防连锁事故提供参考。

1. 薄弱节点辨识指标

1) 整体性指标

当电网节点 i 故障后,在双对数坐标图中绘出系统仍在运行元件负载率的分布曲线,利用最小二乘法对各数据点进行线性回归,得到回归直线的斜率 k_i,同时对回归方程进行显著性检验,如果回归方程有效,则定义电网薄弱节点辨识的整体性指标 R_i 为

$$R_i = |k_i| \tag{3-42}$$

显然,如果电网节点 i 故障后,整体性指标值 R_i 越大,系统进入自组织临界状态的可能性就越大,即电网发生大停电事故的概率越大,因此该节点就越薄弱[55,56]。

2) 系统负载率

系统元件的均匀程度是关系电力系统是否进入自组织临界状态的重要因素,当两个不同的节点故障,计算得到的整体性指标一样时,这两个节点的薄弱程度就无法进行评估。

当电网中各条线路上的负载率的均匀程度不变时,电力系统发生大停电事故的概率大小与系统负载率呈正比关系。系统的负载率越大,电网发生大停电事故的概率就越大。所以,可以将系统负载率作为一个薄弱节点辨识指标,对整体性指标进行补充[57,58]。

系统负载率 L_s 为

$$L_{si} = \frac{\sum_{j=1}^{n} |F_{ji}|}{\sum_{j}^{n} |F_{j,\max}|} \tag{3-43}$$

其中,F_{ji} 是节点 i 故障时,元件 j 上流过的有功潮流;n 为节点 i 退出运行后系统剩余元件总数。

显然，L_{si} 的值越大，说明节点 i 故障后系统中元件的负载率变化越大，对系统的影响越严重。

3）损失负荷相对值

电网正常运行时，每个元件都带有一定的初始负荷，当其故障时，就会打破原系统的潮流平衡并导致负荷的重新分配。此时，停运元件上的负荷就会加载到其他元件上，如果这些原来正常运行的元件不能承担这些负荷，就将引起新一轮的负荷重新分配，从而引发大规模停电事故。所以，可以用节点故障后的停电规模来衡量电网的故障程度。

当电力系统中的某节点故障后，自身及连带退出运行部分会损失一部分负荷；同时电网为了维持输电平衡，也必须切掉一部分负荷。这两部分就是系统的总体损失负荷值。本书采用负荷损失相对值 M 来描述节点 i 退出运行时的停电规模：

$$T_{\text{load},i} = T_{1i} + T_{2i} \tag{3-44}$$

$$M_i = \frac{T_{\text{load},i}}{\text{TOT}_{\text{load}}} \tag{3-45}$$

其中，$T_{\text{load},i}$ 是节点 i 故障后的系统总损失负荷数；T_{1i} 为节点 i 故障后，节点 i 及连带退出运行节点所带的负荷数；T_{2i} 为节点退出运行后电网为维持输电平衡切掉的负荷数；TOT_{load} 为系统的总负荷数。

可见，M 值越大，停电规模越大，系统的损失越严重，故障对系统的影响越大。

4）综合薄弱度

结合整体性指标、系统负载率以及损失负荷相对值，定义节点 i 的综合薄弱度指标为

$$Z_i = 0.4R_i + 0.1L_{si} + 0.5M_i \tag{3-46}$$

整体性指标是通过分析系统中所有元件负载率分布的均匀程度来判断系统进入自组织状态的可能性，分布越不均匀，进入自组织状态的可能性越大，电网发生大停电事故的概率越大；系统的负载率表征的是系统整体潮流水平偏离正常系统的程度，L_{si} 的值越大，说明节点 i 退出后系统元件的过载越严重，它是对整体性指标的一个补充，所占的比重要小一些；损失负荷相对值表示的是系统的停电规模，停电规模越大，系统损失负荷越严重[59,60]。

综合薄弱度指标既考虑元件负载率分布的均匀程度和负载率的变化程度，又考虑故障后的损失负荷数，全面反映了节点故障后对系统的影响，分析结果更全面，寻找的电网薄弱节点更准确[61,62]。

2. 仿真流程

基于上述对薄弱节点辨识指标的分析，得到评估电网薄弱节点的流程，如图

3-27 所示。

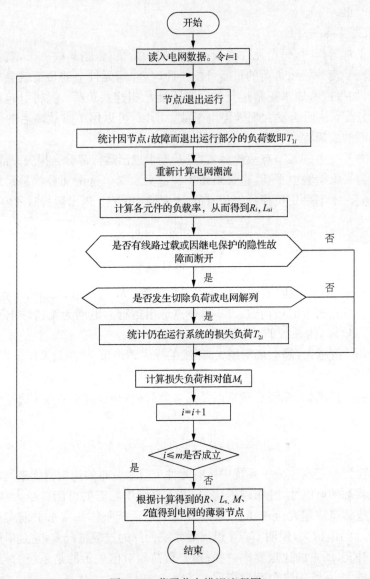

图 3-27　薄弱节点辨识流程图

（1）读入电网原始数据，令 $i=1$。

（2）断开节点 i 和与节点 i 相连的线路，统计掉出系统的负荷数 T_{1i}。

（3）重新计算电网潮流。

（4）计算仍在运行的各元件的负载率，得到整体性指标值 R_i 和系统的负载率 L_{si}。

（5）判断是否有线路过载或因隐性故障模型断开。如果有，进入第（6）步，如果没有则进入第（8）步。

（6）判断是否发生切除负荷或电网解列，是则进入第（7）步，否则进入第（8）步。

（7）统计仍在运行系统的损失负荷 T_{2i}。

（8）计算损失负荷相对值 M_i。

（9）令 $i=i+1$，判断 $i\leqslant m$（m 为系统节点总数）是否成立。如果成立，转第（2）步；否则进入第（10）步。

（10）将计算得到的各个 Z（综合薄弱度）值从大到小排序，得到电网的薄弱节点。

3. IEEE 39 节点系统分析

对 IEEE 39 节点系统进行仿真测试，系统接线如图 3-28 所示。

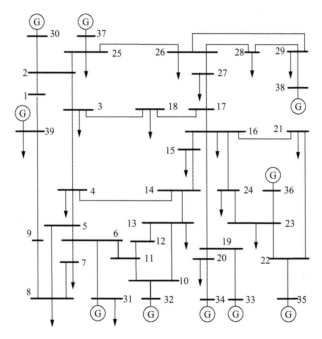

图 3-28　IEEE 39 系统接线图

仿真 39 节点系统得到电网中的薄弱节点如表 3-10 所示。

表 3-10　薄弱节点辨识结果

排序	整体性指标	系统负载率	损失负荷相对值
1	29	6	10
2	22	2	22

排序	整体性指标	系统负载率	损失负荷相对值
3	21	21	25
4	6	24	28
5	16	17	11
6	10	14	13
7	20	13	14
8	19	29	20
9	3	22	16
10	2	11	15

从表 3-10 可以看出,基于整体性指标、系统负载率和损失负荷相对值得到的薄弱节点不尽相同。这主要是各个指标在评估节点故障或退出运行对电力系统的影响时,侧重点不同,所得结果也不可能完全相同。

3.3.3　甘肃电网关键节点和薄弱环节实例分析

本节采用甘肃电网 2015 年夏季大负荷运行方式,选择甘肃电网内 750kV、330kV 电压等级的线路、节点作为薄弱节点的辨识对象,其地理接线图如图 3-29 所示。

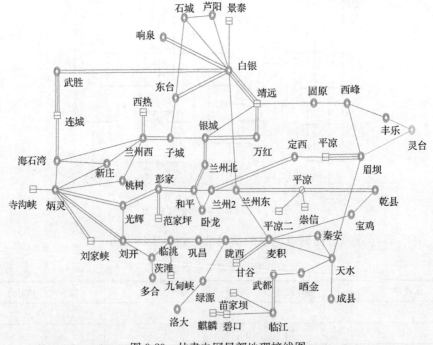

图 3-29　甘肃电网局部地理接线图

1. 薄弱线路分析

按照前面定义的整体性指标,对甘肃电网进行仿真计算,得出甘肃电网的薄弱环节如表 3-11 所示。

表 3-11　基于整体性指标的甘肃电网薄弱环节

排序	输电线路	整体性指标值 w
1	白银—武胜	0.9288
2	麦积—兰州东	0.7336
3	平凉—眉岷	0.6634
4	定西—兰州 2	0.6107
5	武胜—连城	0.5988
6	平凉—定西	0.532
7	连城—海石湾	0.4988
8	子城—兰州西	0.4453
9	麦积—陇西	0.4371
10	天水—麦积	0.3911

从辨识结果来看,白银—武胜和麦积—兰州东是甘肃电网中最为薄弱的两条线路。当这两条线路断开后,对系统的影响相当严重,其对应电网元件负载率在双对数坐标中的分布曲线如图 3-30 所示,从图中可以明显看出白银—武胜的薄弱程度比麦积—兰州东要高。

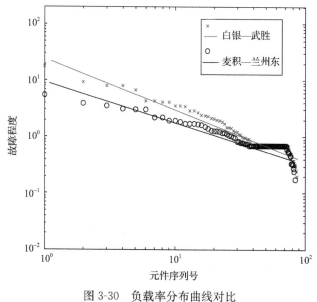

图 3-30　负载率分布曲线对比

　　根据对客观、主观和综合权重的定义,首先计算甘肃电网的各权重值如表3-12所示。然后得出在综合指标下的电网薄弱环节如表3-13所示。

表 3-12　甘肃电网权重值

权重指标	w_1	w_2	w_3
客观权重	0.3242	0.3112	0.3646
主观权重	0.4286	0.4286	0.1428
综合权重	0.3764	0.3699	0.2537

表 3-13　综合指标下的甘肃电网薄弱环节

排序	输电线路	综合指标值 w
1	白银—武胜	0.6687
2	麦积—兰州东	0.6309
3	平凉—眉岘	0.5452
4	定西—兰州 2	0.4032
5	麦积—陇西	0.3965
6	天水—麦积	0.3572
7	刘开—临洮	0.3529
8	平凉—定西	0.3493
9	武胜—连城	0.3315
10	兰州东—平凉	0.3157

　　从表3-13中可以看出,基于综合指标与基于整体性指标得到的电网薄弱环节辨识结果基本一致,排序在前10位的薄弱环节中,有8条是相同的。

　　在基于综合指标辨识的结果中,有两条线路是整体性指标辨识中没有的。它们分别是刘开—临洮线和兰州东—平凉线。其中刘开—临洮线是甘肃刘家峡水电站功率输送的重要通道,兰州东—平凉是平凉电厂、崇信向甘肃电网输送功率的唯一路径。这两条线路中的任一条出现故障,都会对甘肃电网的安全运行产生很大影响。由此可见,基于综合指标得出的甘肃电网的薄弱环节比整体性指标更全面,更加符合电网的实际情况,从而说明综合指标的可行性。

　　2. 薄弱节点分析

　　1) 整体性指标结果分析

　　对甘肃电网进行仿真计算,得到各个节点退出运行时的整体性指标值,根据计算得到的 R 值,得到排在前十位的甘肃电网薄弱节点如表3-14所示。

表 3-14　基于整体性指标的薄弱节点

排序	母线名	电压等级	整体性指标值 R
1	武胜	750	0.9762
2	白银	750	0.8938
3	天水	330	0.7364
4	麦积	750	0.7311
5	兰州 2	330	0.658
6	兰州东	750	0.6005
7	平凉	330	0.5783
8	刘开	330	0.5493
9	炳灵	330	0.5347
10	眉岷	330	0.5271

按照传统观点,750kV 电压等级节点应该比 330kV 电压等级节点的薄弱程度高。有部分 330kV 电压等级节点的薄弱程度排在了 750kV 电压等级节点的前面,所以在辨识电网薄弱节点的时候不能只考虑电压等级,还应考虑节点在电力系统中的位置。

2) 系统负载率指标结果分析

计算系统负载率,得到排在前十位的薄弱节点如表 3-15 所示。

表 3-15　系统负载率指标下的薄弱节点

排序	母线名	系统负载率 L_s
1	武胜	0.9009
2	白银	0.8305
3	麦积	0.8053
4	刘开	0.7449
5	兰州 2	0.7318
6	兰州东	0.7316
7	天水	0.7263
8	靖远	0.7226
9	兰州西	0.6995
10	新庄	0.6991

对比表 3-14 和表 3-15 可以发现,在两种指标下得到的电网薄弱节点发生了变化。这主要是两种指标虽然都是围绕负载率的,但是对负载率进行处理的方式不同。为了更好地看出两个指标的不同点,将天水和兰州东退出运行后的负载率分布情况示于图 3-31。

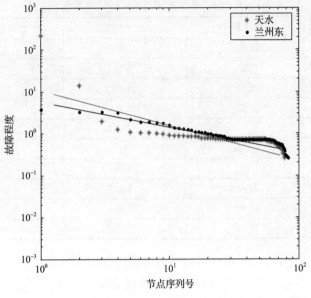

图 3-31　负载率分布曲线对比

从图 3-31 中可以看出，兰州东故障后，系统中过载元件的数量明显大于天水故障后的情况，所以系统负载率高。但元件的负载率分布较均匀，整体性指标值比天水要小。

两者在一定程度上是互补关系，将它们结合起来，能更好地定量计算电力系统发生连锁故障的概率，从而得到电网的薄弱节点。

3）损失负荷相对值分析

统计各个节点故障后的电网负荷损失，得到排在前十位的电网薄弱节点如表3-16 所示。

表 3-16　损失负荷相对值下的薄弱节点

排序	母线名	损失负荷相对值 M
1	白银	0.4031
2	兰州东	0.2878
3	靖远	0.1330
4	刘开	0.1277
5	武胜	0.1271
6	新庄	0.1219
7	平凉	0.1034
8	炳灵	0.0961
9	兰州西	0.0897
10	兰州2	0.0854

4）综合薄弱度分析

综合薄弱度下得到的电网薄弱节点如表 3-17 所示。

表 3-17　综合薄弱度指标下的薄弱节点

排序	母线名	综合薄弱度 Z
1	白银	0.9367
2	武胜	0.6576
3	兰州东	0.6276
4	麦积	0.4153
5	刘开	0.4119
6	兰州 2	0.4016
7	天水	0.3618
8	靖远	0.3603
9	炳灵	0.3450
10	平凉	0.3113

综合薄弱度指标下辨识的薄弱节点排序发生了变化,但都在整体性指标、系统负载率和损失负荷相对值指标的辨识结果范围内。

白银、武胜承担着疆电外送、西电东送等多项输电任务,兰州东、麦积是南电北送高压输电通道的重要连接点,刘开、炳灵是刘家峡水电站发出功率的必经之路,兰州 2、靖远、平凉都直接与发电机相连。它们在甘肃电网中都起着重要作用,一旦故障会严重破坏电网的稳定性。由此可见,基于综合薄弱度指标得到的薄弱节点符合甘肃电网的实际运行情况,能更好地反映节点在电网中的薄弱程度。

3.4　停电事故风险分级和预警技术

现代社会的发展对电力系统的依赖性越来越高,电网的安全运行已成为一个突出问题。自 20 世纪 60 年代以来,国内外相继发生了一系列大规模的停电事故,如 2003 年美加大停电事故、2006 年西欧大停电事故、2010 年巴西大停电事故、2012 年 7 月的印度大停电事故,以及国内的 2001 年辽沈大停电事故、2008 年冰雪灾害天气导致的南方电网大面积停电事故等。这些停电事故在经济上造成巨大损失,严重影响了人们的社会生活。因此研究电网大停电产生的机理以及事故的风险等级及预警技术成为近年来的热点领域[63,64]。

极值理论是专门研究很少发生,而一旦发生会产生极大影响的随机事件的建模及统计分析理论[65]。目前,极值理论在地震、洪水、干旱以及金融、保险等领域有着广泛的应用。电力系统的停电事故虽然与地震、洪水以及金融等领域的极值事故发生的物理机理不同,但目前的研究证明,停电事故的负荷损失服从幂律分布,具有自组织临界的宏观特性,这与地震等事件具有自组织临界的宏观特性是相同的。可推导出服从幂律分布的负荷损失的极值收敛于Ⅰ型的渐近分析,并利用极值分布的 Gumbel 模型给出了电网停电事故风险的定量评估算法。

在进行极值分析时,采用的是停电损失负荷的绝对值数,由于电网规模在不断地增长,这样同样的一个事故损失负荷数在电网规模较小时是一个大事故,而当电网的规模变大后,就算不上大事故了;另外由于不同区域电网的规模不同,具有相同损失负荷数的停电事故在不同电网中的危害程度也是不同的,数据处理方法会给利用极值理论预测电网的事故带来偏差。

本节利用实际的电网停电事故数据分析证明了损失负荷数不适合直接用于极值分析,然后采用相对值法对停电事故数据进行处理,以排除电网规模对数据分析的影响,在此基础上给出了基于广义极值分布电网停电事故风险的预测模型,以期为电网事故的风险等级划分与规划设计工作提供一定的依据。

3.4.1　停电事故的风险评估及风险分级简介

人们在日常生活中经常使用风险一词,但风险的确切含义说法不一。在相关学科中,风险一般有如下几种说法。

风险是一种损失的可能性。这表明风险是一种面临损失的可能性状况,是在这个状况下损失发生的概率。当概率是 0 或 1 时,没有风险;当概率介于 0 和 1 之间时,存在风险。风险是一种损失的不确定性。这种不确定性分为客观不确定性和主观不确定性。客观不确定性是实际结果与预期结果的相对差异,它可以用统计学中的方差或标准差来衡量。主观不确定性是人为对客观风险的评估,它和个人的知识、经验、精神和心理状态有关。不同的人面临相同的客观风险,会有不同的主观不确定性。风险是一种可能发生的损害。这种损害的幅度与发生损害的可能性大小共同衡量了风险大小。损害的幅度大,并且发生损害的可能性大,风险就大;反之,风险就小。

风险之所以有各种说法,是因为人们面临的具体问题不尽相同,人们对风险概念的理解和描述也不相同。从风险的属性来说,有人主张风险是客观存在的,应该被客观度量;也有人强调风险是因人而异的主观概念。此外,风险还可以附加各种特殊含义,以适应不同领域的应用,如社会风险、政治风险和自然风险等。

电力系统风险的根源在于其行为的概率特征。系统中设备的随机故障往往超出人力所能控制的范围,负荷也总是存在着不确定性,因而不可能对其进行准确预测。当电力系统发生故障、设备误动或人为误操作等扰动时,一些不可预知的不利因素可能先后叠加。虽然人们主动地采取了诸多防护措施,以减少电网停电大事故的发生,然而,正是由于不利因素叠加的不可预知性,就有可能导致从局部直至大面积的停电。停电的经济后果不止是电力公司的收入损失或用户的停电损失，还包括造成社会和环境影响的间接损失。简而言之，电力系统风险评估就是对电力系统面临的不确定性因素，给出可能性与严重性的综合度量。风险管理至少涉及以下三个方面。

（1）实施风险定量评估。

（2）确定降低风险的措施。

（3）确认可接受的风险水平。

风险定量评估的目的在于建立表征系统风险的指标，而完整的风险指标不仅是概率，而应当是概率与后果的综合。即电力系统的风险评估指标应当不仅是辨识失效事件发生的可能性，而且要识别这些事件后果的严重程度，如可能遭受到停电事件的严重程度、发生的频繁程度等。这都是电力系统风险评估应该回答的问题。

当前电力系统的风险评估一般包括四个方面，即确定元件停运模型、选择系统失效状态、评估系统状态后果以及计算风险指标。元件停运是系统失效的根本原因，系统风险评估首先要确定元件的停运模型。然后根据元件停运模型，选择系统失效状态，并计算其发生的概率。通常，有两种选择系统状态的方法——状态枚举法和蒙特卡罗模拟法。接下来是进行系统状态的后果分析。根据所研究的系统和目的的不同，分析过程可以是简单的功率平衡，或者是网络结构的连通性识别，也可以是包括潮流、稳定在内的计算过程。在前三项工作的基础上，即可建立表征系统风险的指标。对于不同的要求，存在多种风险指标。多数指标是以随机变量期望值的形式，来表征元件容量及其停运随机性、负荷曲线及其不确定性、系统结构、运行工况等多种因素在内的电力系统风险。

当前电力系统风险评估的方法主要可划分为确定性评估方法和概率性评估方法两大类。

确定性评估方法是通过事故校验对系统的安全性进行定性评估的方法。这种方法的主要缺点有：①忽略了输入数据的随机性；②只能预想一些故障重数较少的故障类型的事故后果，给出发生该故障时系统稳定与否的结论，但不能给出事故发生的可能性到底有多大。

概率性评估方法是基于元件概率失效模式，采用概率方法、通过概率指标来评估电力系统的风险。其评估方法主要有两类：状态枚举（即解析法）和模拟法（如蒙特卡罗模拟法）。解析法的主要优点是：物理概念清楚，可以用较严格的数学模型和一些有效的算法计算概率指标，准确性较高。其缺点是：计算量过大。在计算相关指标之前，要在潮流计算的基础上进行稳定计算。随着系统规模的增大，需要枚举的系统状态呈指数增长，对每一个枚举都进行计算将耗费大量的时间，而且当系统规模变得越来越复杂时，其状态空间的状态数剧增，这必然会造成维数灾难。蒙特卡罗模拟法又称为随机模拟法,是目前广泛采用的一种方法。它的基本思想是:对于所要求解的问题,首先建立一个概率模型或随机过程,使其参数为问题所要求的解,然后通过对模型或过程的观察或抽样试验来计算所求参数的统计特征,最后给出所求解的近似值。蒙特卡罗模拟法的适应性强,算法及程序结构简单。

在电力系统的长期运行过程中,保存了大量有关停电事件的记录,这些珍贵的资料记录了曾经发生过的停电事件的各种参数。通过对历史数据的统计分析,在自组织临界性的框架下研究有别于当前常用的电力系统风险评估的方法,从这些珍贵的资料预测某种程度停电事故发生的可能性,探索对停电事故风险的定量评估算法,是非常有现实意义的。在《国家电网公司电力生产事故调查规程》中,把电网事故等级分为特大电网事故、重大电网事故、一般电网事故。在认定事故等级时采用以下两种方式。

(1) 按照事故减供负荷的大小,例如,对于电网负荷为 5000～10000MW 的省电网或跨省电网,发生减供负荷达 1000MW 的事故,则认定为重大电网事故。称这种方法为绝对值法。

(2) 按照减供负荷与事故发生前电网负荷的比值。例如,对于电网负荷为 5000～10000MW 的省电网或跨省电网,发生减供负荷达电网负荷 15％的事故,则认定为重大电网事故。称这种方法为相对值法。

在当前的电网停电事故特性研究中,描述事故规模的指标主要是事故损失负荷数,这样做的优点是直观、数据处理方便,但相比《国家电网公司电力生产事故调查规程》中对事故认定方法则显得过于简单。因此,在探索电网风险特性时应采用类似方法(2)对事故认定的方法,对停电事故进行处理,这样将更加有利于观察事故的分布特性。

由于很难查找到事故发生前的电网负荷的资料统计,在下面的算例中以东北电网、华北电网、华中电网、华东电网、西北电网和南方电网 6 个大型区域电网为基准,统一取事故发生年度的地区电网的总装机容量来取代事故发生前的电网负荷,定义电网事故损失负荷的相对值如下:

$$M = \frac{L}{M_O} \tag{3-47}$$

其中,L 为电网事故损失负荷值;M_O 为对应事故发生年度归属地区电网的总装机容量。

在《国家电网公司电力生产事故调查规程》中对电网事故等级按照严重程度划分等级时的规定,对于省电网或跨省电网利用相对值进行事故风险划分的标准如表 3-18 所示。

表 3-18　利用相对值进行事故风险划分的标准

电网负荷规模		20000MW 及以上	10000~20000MW	5000~10000MW	1000~5000MW	1000MW 以下
相 对 值	特大事故	0.2	0.3	0.4	0.5	
	重大事故	0.08	0.1	0.15	0.2	0.4
	一般事故	0.04	0.05	0.08	0.1	0.2

对于东北电网、华北电网、华中电网、华东电网、西北电网和南方电网 6 个大型区域电网,其电网负荷和装机容量远大于省网,所以本节在进行事故风险划分时采用以下标准,如表 3-19 所示。

表 3-19　大区电网利用相对值进行事故风险划分的标准

事故分级	特大事故	重大事故	一般事故
事故损失相对值	0.015 以上	0.005~0.015	0.005 以下

3.4.2　基于极值理论的停电风险预警模型

本节对过去的停电事故进行总结,并利用极值理论针对未来电网可能的停电事故发生概率进行预判。

极值事件是指很少发生,然而一旦发生却产生极大影响的随机事件。例如,自然界环境中百年不遇的洪水、地震、干旱,这些事件常打破自然界的相对平衡状态,对自然界以及人类生活带来重大影响;在社会环境中也有极值现象发生,如经济金融领域中股市价格出现与连续平滑波动完全不成比例的异常变化。这些变化可视为由经济中的某些不寻常情况带来的不正常变化,如突发战争、一国政变、重大政治事件、人为投机等。此类事件的发生造成股市的暴跌、暴涨;保险领域中因异常罕见的自然灾害造成的重大损失索赔等,这些异常事件的发生将对人类社会的经济生活产生重大影响。

随着社会的发展,人们开始对与人类生活息息相关的极值事件进行研究。从 20 世纪 30 年代初开始,极值统计就在气象、材料强度、洪水、地震等问题研究中得到应用。首先是 Dodd、Frechet、Fisher 和 Tippett 开始对极值理论进行研究,Ficher 和 Tippett 证明了极值极限分布的三大类型定理,为极值理论的发展研究奠定了基石。随后,Mices 和 Gnedenko 对极值理论进行了进一步研究,Gnedenko 给出了三大类型定理的严格证明和三大类极限分布存在的充要条件。Haan 针对吸引场问题给出了完整结论。Weibull 最先强调了极值概念在材料强度判断中的重要性。Gumbel 的著作反映了极值概率模型的统计应用成果,系统地归纳了一维极值理论,主要研究变量最大值(或最小值)分布。由于人们很难获得极值的精确分布,所以通常利用经验数据拟合极值分布,对极值渐近分布进行研究。理论研究结果表明:极值分布(extreme value distribution)可以对最大(小)值分布进行很好的描述,即可以用 Frechet、Gumbel、Weibull 分布对此类随机变量进行拟合研究。此后,极值理论有了进一步发展,Jenkinson 把该理论应用于极值风险研究,研究了广义极值分布(generalized extreme value distribution)模型,进一步完善了一维极值分布模型。Pickands 证明了经典极限定理,为 20 世纪 80 年代、90 年代完善建模作出了巨大贡献。可以说,极值理论是数学在近代工程、环境及风险管理问题应用中取得成功的重要例子之一。极值理论已发展成为应用科学中一种非常重要的统计方法,在许多领域都有广泛的应用。

　　例如,在有关水文、气象、地震等灾害的防治工作中,作为防治工程设计的依据,在工程设计基准期内会出现的外荷载效应的最大值是必须考虑的。例如,使用寿命期内作用在某建筑物上的最大风速影响;环境工程、空气污染、海洋工程建筑中波高推算研究。结构工程和材料强度设计,也考虑极值风速载荷对建筑结构的影响,当设计载荷较小时,可能产生结构塌陷、损坏;反之,载荷较大时,导致财力、物力、人力资源的浪费。这种由自然现象所产生的随机荷载的极限值往往是人们无法准确预计的,但最大值仍具有某种规律可循。利用极值理论可以很好地推算最大载荷分布特性,对极值风速、载荷、地震的估算为安全经济的结构设计提供重要依据。在海洋气候环境中,各种海洋工程项目经常面临海浪波高、波期、风速荷载的共同作用。在设计中,就要考虑工程寿命期限内多元变量极值荷载作用。在水利工程中,极值理论的应用也发挥了很大作用,用于研究防洪、大坝工程的设计。

　　电力系统的停电事故虽然与地震、洪水以及金融等领域的极值事故发生的物理机理不同,但目前的研究证明,停电事故的负荷损失服从幂律分布,具有自组织临界的宏观特性,这与地震等事件具有自组织临界的宏观特性是相同的。根据停电事故具有自组织临界性这一特征,推导出服从幂律分布的负荷损失的极值收敛于 I 型的渐近分析,利用极值分布的 Gumbel 模型给出了电网停电事故风险的定量评估算法,并对未来长程时间内电网的风险等级进行了预测。

　　进一步的分析发现,以往的文献在进行极值分析时,采用的是停电损失负荷的绝对值数,由于电网规模在不断地增长,这样,同样的一个事故损失负荷数在电网规模较小时是一个大事故,而当电网的规模变大后,就算不上大事故了;另外由于不同区域电网的规模不同,具有相同损失负荷数的停电事故在不同电网中的危害程度也是不同的。

　　本节将利用实际的电网停电事故数据分析证明损失负荷数不适合直接用于极值分析,然后采用相对值法对停电事故数据进行处理,以排除电网规模对数据分析的影响,并按相对值的定义和风险等级划分,给出了基于广义极值分布电网停电事故损失负荷的预测模型,以期为电网事故的风险预警与规划设计工作提供一定的依据。

1. 极值定理与模型诊断

设 $X_1, X_2, \cdots, X_n$ 为独立同分布的随机变量序列,服从同一分布 $F(x)$,记 $M_n = \max(X_1, X_2, \cdots, X_n)$ 为 n 个随机变量的最大值,若存在常数列 $\{a_n\}$ 和 $\{b_n\}, a_n > 0$ 使得

$$\lim_{n \to \infty} P\left(\frac{M_n - b_n}{a_n} \leqslant x\right) = G(x), \quad x \in \mathbb{R} \tag{3-48}$$

$G(x)$ 是非退化分布函数,则称 $G(x)$ 为极值分布,而称 $F(x)$ 为属于极值分布 $G(x)$ 的最大值吸引场,记为 $F \in D(G)$,G 必属于下列三种形式之一:

$$\text{I Gumbel} \quad G_{\text{I}}(x) = \exp\{-\exp[\alpha(x-\mu)]\}$$

$$\text{II Frechet} \quad G_{\text{II}}(x) = \exp\left[-\left(\frac{\mu-\alpha}{x-\alpha}\right)k\right] \tag{3-49}$$

$$\text{III Weibull} \quad G_{\text{III}}(x) = \exp\left[-\left(\frac{b-x}{b-\mu}\right)k\right]$$

广义极值分布(Generalized Extreme Value Distribution,GEV)则包含了以上三种分布,其分布函数为

$$G_\xi(x) = \exp\left[-\left(1 + \xi\frac{x-\mu}{\sigma}\right)^{-\frac{1}{\xi}}\right] \tag{3-50}$$

其中,$1 + \xi\frac{x-\mu}{\sigma} > 0, \sigma > 0, \xi \in \mathbb{R}, \mu \in \mathbb{R}$。$\mu$、$\sigma$、$\xi$ 分别为位置参数、尺度参数、形状参数。当 $\xi = 0$ 时,对应极值 I 型分布,当 $\xi > 0$ 时,对应 II 型分布,当 $\xi < 0$ 时,对应极值 III 型分布。

我们在电网事故的 SOC 研究中,事故损失的频度 N 与标度 r 之间的幂律关系为 $N = cr^{-D}$。假设在所统计的资料中,标度的最大值和最小值为 $r_{\max}$ 和 $r_{\min}$。设 $X = \ln r$,则

$$N = c\mathrm{e}^{-DX}$$

其中,$X \geqslant X_{\min}$;$X_{\min} = \ln r_{\min}$,一般可取为 0。由频度代替概率的思想,得出 X 的分布函数为

$$\begin{aligned} F(x) &= P(X \leqslant x) \\ &= \frac{\displaystyle\int_{X_{\min}}^{x} c\mathrm{e}^{-DX}\mathrm{d}X}{\displaystyle\int_{X_{\min}}^{\infty} c\mathrm{e}^{-DX}\mathrm{d}X} \\ &= 1 - \mathrm{e}^{-D(x-X_{\min})} \end{aligned} \tag{3-51}$$

概率密度函数为

$$f_x(x) = F'(x) = De^{-D(x-X_{\min})} \tag{3-52}$$

则灾害函数为

$$h_n(x) = \frac{f_x(x)}{1 - F_x(x)} = \frac{De^{-D(x-X_{\min})}}{1 - (1 - e^{-D(x-X_{\min})})} = D \tag{3-53}$$

将灾害函数代入冯米泽斯(von Miles)收敛准则,得

$$\lim_{x \to \infty} \frac{d}{dx}\left[\frac{1}{h_n(x)}\right] = 0 \tag{3-54}$$

故可判定式(3-54)其极值分布的极限形式为收敛于 I 型的渐近分布。即呈幂律分布的电网事故极值分布的极限收敛于 I 型渐近分布,属于 Gumbel 分布吸引场,最大值的渐近分布存在,因此也属于 GEV 分布,所以将广义极值理论引入停电事故损失负荷分析是可行的。

对于给定的极值数据,当认为其来自 GEV 分布族,为了更进一步判断其拟合效果和具体来自三种分布中的哪一个,常采用似然比进行检验。常用 P-P 图(概率图)、Q-Q 图(分位数图)、重现水平图和直方图作为数据组的分析工具。这种模型检验有以下特点:理论上,当 X 的分布函数为 $F(x)$ 时,P-P 图和 Q-Q 图应近似为直线,如果 Q-Q 图偏离线性,则表示所选的分布 F 并不合适;密度曲线和直方图有较大任意性,但因其直观性在本书中也作为参考。

2. 停电事故风险的定量计算方法

当电网停电事故数据满足广义极值分布时,其相关的停电事故风险的定量评估公式如下。

设 $X_1, X_2, \cdots, X_n$ 为来自电网停电事故数据的广义极值分布的样本,记 $K = \sum_{i \leqslant n} I(x_i > x)$,其中 $I(x_i \geqslant x)$ 为示性函数,当 $X_i \geqslant x$ 时为 1,否则为 0,K 表示数据集 $\{X_i \mid i = 1, \cdots, n\}$ 中超过 x 的个数,则 K 服从参数为 $n, p = 1 - G(x)$ 的二项分布。

未来 T 年内发生最大停电事故的损失负荷超过 x 的概率为

$$p = 1 - [G_\xi(x)]^T \tag{3-55}$$

规定时间 T 年内和概率 p 的条件下,可能发生的事故损失负荷的最大值为

$$M = G^{-1}\left[(1-p)^{\frac{1}{T}}\right] \tag{3-56}$$

3. 电网事故数据分析

依据较权威的资料,统计更新了 1981~2012 年我国电网(不含台湾省)的较大停电事故(电网事故主要包括由自然灾害引发的事故、一次设备故障引发的事故、安全自动化装置及继电保护装置异常引发的事故,以及外力人为破坏和人员责任等事故,选取有损失负荷记录的停电事故作为研究对象),其中统计总事故次数451 次,有损失负荷记录 255 次,最高损失负荷事故为"2012 年华北电网 500 千伏万顺二线、三线跳闸"事故,共切除负荷 3200MW。

根据统计的事故数据,建立了 1981~2012 年的重大停电事故时间序列如图 3-32 所示。

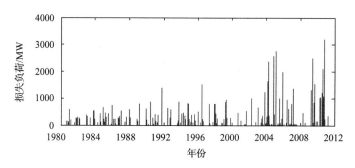

图 3-32　全国电网重大停电事故时间序列

在对停电事故数据进行极值分析时,首先要确定数据取极值的时间单位,即步长。步长选取越短,对数据时间段内的信息提取就越详细,所估计的极值就越能体现原始数据的内在关系。由于数据资料有限,若按月为单位来统计极值数据得到的结果是不稳定的(因为有的月份没有停电事故记录),因此本书将步长定为 1 年,来获取极值数据。按此步长,对全国电网 1981~2012 年停电事故损失负荷的数据统计取历年极值,得到表 3-20 的数据。

表 3-20　全国电网停电损失负荷极值数据(1981~2012 年)

年份	1981	1982	1983	1984	1985	1986	1987	1988
极值/MW	479	584	290	380	521.7	646.2	748	526
年份	1989	1990	1991	1992	1993	1994	1995	1996
极值/MW	586	800	600	860	1370	640	855	803
年份	1997	1998	1999	2000	2001	2002	2003	2004
极值/MW	500	1500	800	940	279.11	450	990	650
年份	2005	2006	2007	2008	2009	2010	2011	2012
极值/MW	2370	2750	1980	1350	460	1300	2500	3200

根据表 3-20 中数据,使用统计软件 R 中 ismev 工具包中的广义极值 gev. fit 命令,可得 GEV 参数的极大似然估计为

$$(\hat{\mu}, \hat{\sigma}, \hat{\xi}) = (626.7443, 330.9916, 0.4506)$$

估计的标准差为 67.2775,62.5525,0.1774。其广义极值模型诊断图如图 3-33 所示。

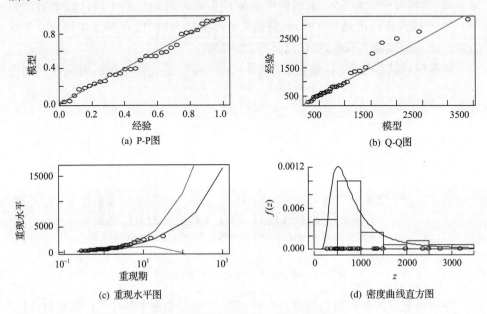

(a) P-P图　　　　　　　　　　(b) Q-Q图

(c) 重现水平图　　　　　　(d) 密度曲线直方图

图 3-33　损失负荷 GEV 拟合诊断图

对表 3-20 中的数据使用统计软件 R 中 ismev 工具包中的 gum. fit 命令,得到 Gumbel 分布拟合的极大似然估计为

$$(\hat{\mu}, \hat{\sigma}) = (717.6831, 447.1813)$$

估计的标准差为 82.0549,68.9920。图 3-34 为 Gumbel 极值模型诊断图。

从图 3-33 和图 3-34 中可以看出,不论是按照 Gumbel 模型还是 GEV 模型,二者的拟合效果均不太理想,其 Q-Q 图和重现水平图数据点均在尾部产生了上扬。这充分说明了损失负荷数不适合直接用于极值分析,否则会给利用极值理论预测电网的事故带来偏差。

产生这个问题的原因,一是因为数据样本的偏差,二是因为电网装机规模的飞速增长造成的超大事故数据,而这一现象在近 10 年内更为明显,为了避免因区域电网规模差异而造成的大小事故的不同定义,同时排除电网规模快速增长对模型拟合效果的影响,所以应对电网停电事故数据进行进一步的处理。

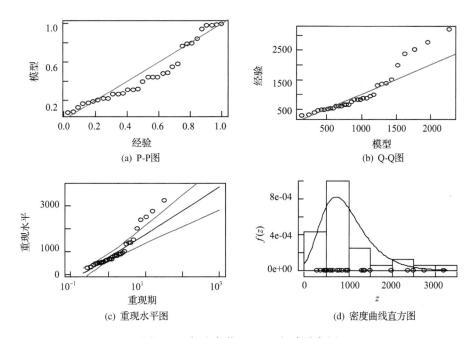

图 3-34　损失负荷 Gumbel 拟合诊断图

4. 基于相对值法的幂律特性

将全国电网 1981～2012 年的事故损失负荷数据,按照公式进行分地区取相对值数据处理,建立其对应的负荷损失相对值时间序列如图 3-35 所示。

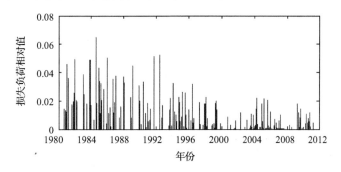

图 3-35　全国电网事故损失负荷相对值时间序列(1981～2012 年)

全国电网事故损失负荷相对值数据中从 0～0.06 选取不同的标度,并统计对应的频度作双对数图如图 3-36 所示。

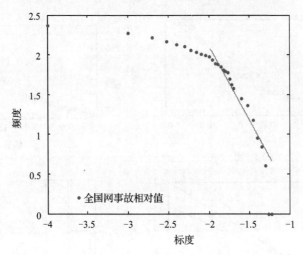

图 3-36　全国电网事故损失负荷相对值的标频双对数图

图 3-36 中针对尾部(较大停电事故)的 17 个散点进行线性拟合,拟合直线的回归方程为

$$y = -1.858x - 1.606$$

其中,x 为标度对数值;y 为在标度 x 之上事故损失负荷出现的频度对数值。

$$y = -1.864x - 1.612$$

该回归方程的样本个数为 $n=17$,相关系数值为 $R=-0.9764$,在显著水平 0.01 下,查相关系数检验表,得临界值 $R_{0.01}=0.575$,说明该标频关系显著,方程有效。这说明全国电网的事故损失负荷相对值符合尾部幂律分布特征。因此,极值理论同样适用于电网事故损失负荷相对值数据的分析与处理。

1) 基于相对值法的广义极值拟合

将全国电网从 1981~2012 年事故损失负荷数据取相对值后,找出每年的最大相对值,得到表 3-21 的数据。

表 3-21　全国电网事故损失负荷数据取相对值后的极值数据(1981~2012 年)

年份	1981	1982	1983	1984	1985	1986	1987	1988
相对值	0.0398	0.0457	0.0495	0.0383	0.0485	0.0649	0.0502	0.0375
年份	1989	1990	1991	1992	1993	1994	1995	1996
相对值	0.0371	0.0446	0.0304	0.0333	0.0511	0.0523	0.0320	0.0261
年份	1997	1998	1999	2000	2001	2002	2003	2004
相对值	0.0253	0.0315	0.0222	0.0199	0.0038	0.00863	0.0118	0.0067
年份	2005	2006	2007	2008	2009	2010	2011	2012
相对值	0.0218	0.0212	0.0205	0.0098	0.0030	0.0179	0.0143	0.0117

根据表 3-21 中数据使用统计软件 R 中 ismev 工具包广义极值 gev. fit 命令，
可得广义极值分布参数的极大似然估计为

$$(\hat{\mu}, \hat{\sigma}, \hat{\xi}) = (23.0212, 15.259, -0.224)$$

估计的标准差为 3.1179, 2.3321, 0.1609。从估计值中可见，ξ 参数的似然值为负
数，说明全国电网停电事故损失负荷数在取相对值后的极值数据在时间尺度范围
内服从 Ⅲ 型极值分布，即对应于一个有界的 Weibull 分布，这是因为事故损失值不
可能超过其相对基值（即对应地区装机容量），符合其有上限的特性。同时，也表明
了用 GEV 分布来拟合比用 Gumbel 分布更加合理。

停电事故损失负荷数在取相对值后的广义极值模型拟合诊断图如图 3-37
所示。

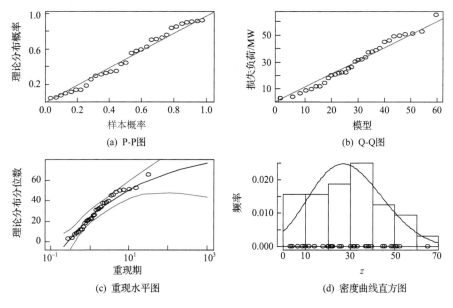

图 3-37　损失负荷相对值 GEV 拟合诊断图

为了便于比较，将表 3-21 中的数据使用统计软件 MATLAB 中 ismev 工具包
中的 gum. fit 命令，得到 Gumbel 分布拟合的极大似然估计为

$$(\hat{\mu}, \hat{\sigma}) = (21.2737, 14.1403)$$

估计的标准差为 2.6437, 1.9473。图 3-38 为 Gumbel 极值模型拟合诊断图。

从图 3-37 和图 3-38 对应的 Q-Q 图和密度曲线估计直方图可以进一步看出，
Gumbel 分布拟合效果不如 GEV 模型。

随着我国电网的快速发展，特别是近十年来，随着区域联网更加密切，各个地
区的装机容量也在成倍增长，以 1996 年为分界点，前 16 年和后 16 年的事故相对

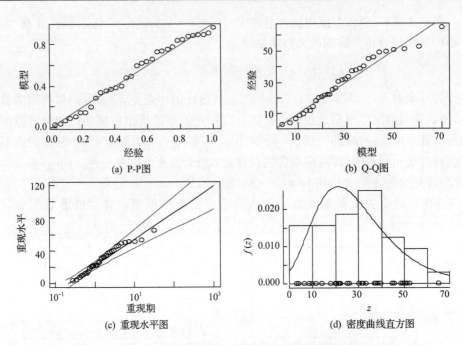

图 3-38　损失负荷相对值 Gumbel 拟合诊断图

值分布明显不同,前 16 年的最大值基本都落在 0.04～0.06 的区间内,而后 16 年的最大值基本在 0.02 左右。为了探索利用广义极值理论对停电事故进行预测的方法,进行如下的分析和比较。

2) 以 1981～2012 年的相对值为样本的预测

将 1981～2012 年的所有统计的相对值样本求得的 GEV 模型估计参数 $(\hat{\mu}, \hat{\sigma}, \hat{\xi}) = (23.0212, 15.259, -0.224)$ 代入式(3-79),得到 GEV 分布函数 $G_{\xi}(x)$,然后利用式(3-81),可求得在 T 年内发生损失负荷相对值大于或等于某相对值 M 的电网事故的概率如表 3-22 所示。

表 3-22　T 年内大于 M 的电网相对值发生概率(1981～2012 年)

M	0.01	0.02	0.03	0.04	0.05	0.053
$T=1$ 时的概率	0.8873	0.7029	0.4606	0.2428	0.0999	0.0723
$T=5$ 时的概率	1.0000	0.9977	0.9543	0.7510	0.4092	0.3129

从表 3-22 中可以看出,在未来 1 年内发生停电事故损失负荷的相对值为 0.01 的概率为 0.8873;在规定的 T 年和概率 p 下,可能发生停电事故损失负荷的相对值 M 如表 3-23 所示。

表 3-23　规定 T、p 下，可能发生的事故损失最大相对值（1981～2012 年）

	$p=0.4$	$p=0.5$	$p=0.6$	$p=0.7$	$p=0.8$	$p=0.9$
$T=1$	0.0325	0.0284	0.0243	0.0201	0.0154	0.0090
$T=5$	0.0260	0.0247	0.0234	0.0220	0.0204	0.0183

从表 3-23 中可以看出，在未来 1 年内和概率为 0.5 下，可能发生停电事故损失负荷的相对值为 0.0284。

3）以 1997～2012 年的相对值为样本的预测

利用从 1997～2012 年这 16 年的相对值样本求得的 GEV 模型参数为：

$$(\hat{\mu},\hat{\sigma},\hat{\xi}) = (12.8491, 7.7373, -0.2737)$$

得到其 GEV 分布函数，可求得在 T 年内发生损失负荷相对值大于或等于某相对值 M 的电网事故的概率如表 3-24 所示。

表 3-24　T 年内大于 M 的电网相对值发生概率（1997～2012 年）

M	0.01	0.015	0.02	0.025	0.027	0.03
$T=1$ 时的概率	0.7583	0.5271	0.2915	0.1205	0.0761	0.0325
$T=5$ 时的概率	0.9992	0.9764	0.8214	0.4737	0.3267	0.1523

从表 3-24 中可以看出，在未来 1 年内发生停电事故损失负荷的相对值为 0.01 的概率为 0.7583。

在规定的 T 年和概率 p 下，可能发生停电事故损失负荷的相对值 M 如表3-25 所示。

表 3-25　规定 T、p 下，可能发生的事故损失最大相对值（1997～2012 年）

	$p=0.4$	$p=0.5$	$p=0.6$	$p=0.7$	$p=0.8$	$p=0.9$
$T=1$	0.0176	0.0155	0.0135	0.0114	0.0089	0.0056
$T=5$	0.0503	0.0474	0.0446	0.0416	0.0383	0.0339

对比表 3-21 和表 3-24 可以看出，利用 1981～2012 年的样本数据进行的预测比利用从 1997～2012 年的样本数据进行预测的结果要大很多，这是因为在图 3-35 中以 1996 年为分界点，前 16 年的最大值基本都落在 0.04～0.06，影响了预测的结果。这也从一个方面说明经过从 1996 年后的近二十年的发展，我国电网规模在不断增加的同时，电网结构也变得更加坚强。为此在进行电网事故预测时，所取年限不能过长，以免造成失真。

4）未来一年内的风险预测

为了验证利用广义极值进行电网停电事故损失负荷数的预测结果[66,67]，取六大地区电网 2012 年的装机容量作为 M_0，根据表 3-25 的预测计算结果，利用式 (3-56)计算得到在 2013 年以不同概率发生的电网停电事故损失负荷数如表 3-26 所示。

表 3-26　　2013 年内不同发生概率下的地区电网事故损失负荷预测值（单位：MW）

	华北	华中	华东	西北	东北	南方
$p=0.7$	3110.49	2684.13	2647.27	1354.41	953.18	2296.10
$p=0.8$	2438.04	2103.85	2074.96	1061.60	747.11	1799.71
$p=0.9$	1531.19	1321.31	1303.16	666.73	469.22	1130.29

根据国家能源局公布的 2013 年全国电力安全生产情况通报，在该年发生的电网事故及相应损失负荷数如表 3-27 所示。

表 3-27　　2013 年各地区电网事故损失负荷

地区电网	事故名称	损失负荷/MW	相对值
华北	山西阳城 1·6 事故	1300	0.00475
华北	山西阳城 2·27 事故	1600	0.00585
华北	张家口 7·20 事故	1565	0.00572
华东	江苏徐州 8·9 事故	2100	0.00902
南方	云南金安桥 8·16 事故	2400	0.01189
华中	湖北三峡 8·19 事故	1270	0.00538
西北	甘肃景泰 3·16 事故	1200	0.01008

从表 3-27 中可以看出，华北电网和华中电网的实际发生事故与以概率 $p=0.9$ 时的停电事故预测的损失负荷数基本相符；华东电网的实际发生事故与以概率 $p=0.8$ 时的停电事故预测的损失负荷数基本相符；南方电网与西北电网的实际发生事故与以概率 $p=0.7$ 时的停电事故预测的损失负荷数基本相符。

以上对比结果说明，利用广义极值法对停电事故的损失负荷数进行预测是可行的。在下一步的工作中，将重点研究分析如何合理选择概率水平、预测年限等问题。

本节提出的基于广义极值的损失负荷预测模型，针对数据样本进行了相对值法处理，以排除电网规模变化带来的影响。同时，利用相对值数据对未来全国电网的事故概率和损失负荷情况进行了预测，无论从事故损失负荷的相对值，还是从反推出的事故损失负荷实际值大小，都能直观地反映电网的事故风险等级。

需要说明的是，本节中数据样本的选取，来自于有限的数据资料，其预测的准确性有待于进一步的实践检验。随着今后数据资料的不断积累，就可以适当地缩短步长，使预测结果更加可靠。同时也可以针对不同地区，进行单独的事故极值预测,其结果可以为电网事故的风险等级划分、预警技术以及规划设计提供依据。

3.4.3　基于电力设备隐性故障的电网风险评估及预警

在 3.3 节已完成的研究内容中,为了寻找线路的薄弱环节,建立了计及天气因素、老化因素和输电线路过负荷的线路停运概率模型。本节为了对由于线路薄弱环节故障而导致的事故进行风险评估,为了对电网风险进行评估和预警,考虑了自组织临界性指标和设备的隐性故障模型,IEEE 39 电网的初始电机出力、负荷功率及线路潮流分别如表 3-28、表 3-29、表 3-30 所示,仿真步骤如下。

（1）读入电网数据,令 $i = 1$。

（2）线路 i 断开,支路退出运行。

（3）潮流计算,计算整体性指标。

表 3-28　发电机功率表

节点	发电功率/MW	节点	发电功率/MW	节点	发电功率/MW
30	250	34	508	38	830
31	677.87	35	650	39	1000
32	650	36	560		
33	632	37	540		

表 3-29　负荷功率表

节点	负荷功率/MW	节点	负荷功率/MW	节点	负荷功率/MW
1	97.6	14	0	27	281
2	0	15	320	28	206
3	322	16	329	29	283.5
4	500	17	0	30	0
5	0	18	158	31	9.2
6	0	19	0	32	0
7	233.8	20	680	33	0
8	522	21	274	34	0
9	6.5	22	0	35	0
10	0	23	247.5	36	0
11	0	24	308.6	37	0
12	8.53	25	224	38	−1
13	0	26	139	39	1104

表 3-30　线路初始潮流

编号	线路初始功率/MW	编号	线路初始功率/MW	编号	线路初始功率/MW
1-2	−173.85	9-39	27.83	19-33	−629.11
1-39	76.25	10-11	328.18	20-34	−505.49
2-3	320.17	10-13	321.82	21-22	−604.42
2-25	−245	10-32	−650	22-23	42.79
2-30	−250	11-12	−4.03	22-35	−650
3-4	37.79	12-13	−4.50	23-24	353.84
3-18	−40.96	13-14	316.87	23-36	−558.57
4-5	−196.97	14-15	49.98	25-26	64.99
4-14	−265.45	15-16	−270.08	25-37	−538.34
5-6	−536.42	16-17	223.68	26-27	257.84
5-8	339.15	16-19	−451.3	26-28	−141.3
6-7	453.69	16-21	−329.6	26-29	−190.67
6-11	−322.96	16-24	−42.68	28-29	−348.1
6-31	−667.72	17-18	199.24	29-38	−825.75
7-8	218.63	17-27	24.1		
8-9	34.65	19-20	174.73		

（4）判断是否有设备由于隐性故障而断开。然后根据断线情况，判断系统是否切除负荷或形成孤岛，如果有，进入第（5）步；没有则进入第（6）步。

（5）统计损失负荷量。

（6）令 $i=i+1$，判断 $i \leqslant N$ 是否成立。如果成立，进入第（2）步；不成立，则进入第（7）步。

（7）计算事故的风险指标。

运行以上模型，得到在整体性指标下不同薄弱环节断开后相应的事故等级如表 3-31 所示。

虽然线路 16-19 在薄弱环节中排在最前（即电网的最薄弱处），但其可能引起的事故的损失负荷相对值只为 0.07699，即属于一般事故；排在第 2、3、4 位的薄弱环节引起的事故也同样只是一般事故。而排在第 5、6、7 位的薄弱环节引起的事故的损失负荷相对值大于 0.15，属于重大事故。所以线路的薄弱环节只是容易发生事故，而其引发事故的风险却需要根据具体的电网参数来定。

表 3-31　基于自组织临界指标和设备隐性故障的事故风险评估

序号	薄弱环节	损失负荷/MW	损失负荷相对值	事故等级
1	16-19	498.1784	0.07699	重大事故(解列)
2	15-16	788.6219	0.12609	一般事故
3	2-25	361.7214	0.05784	一般事故
4	2-3	691.124	0.11051	一般事故
5	26-27	975.2332	0.15593	重大事故
6	10-11	1253.1	0.20036	重大事故
7	10-13	1253.7	0.20046	重大事故
8	16-17	448.9846	0.07179	一般事故
9	13-14	1068.8	0.17089	重大事故
10	21-22	1244.8	0.19903	重大事故

3.5　小　　结

（1）本章研究了电力系统隐性故障的动作机理,研究输电线路三段距离保护、阶段式电流保护、潮流越线等对电力设备故障概率的影响,并研究建立了隐性故障概率模型。

（2）综合考虑外部环境和系统运行条件以及设备的自身情况,建立了识别电网中的关键节点和薄弱环节的方法。

（3）基于电力设备隐性故障进行电网风险评估并提出了停电事故风险分级和预警方法。

第4章 基于系统状态信息及设备在线信息的电网运行风险评估技术

4.1 电网运行风险指标

4.1.1 电网运行风险衡量指标

综合考虑电网运行环境、电力系统行为和电力系统状态对电网停电事故发展的影响,采用量化的指标评估电网运行风险,能用来寻找电网薄弱环节,以便提高电网可靠性水平。电网运行风险严重度指标用于刻画停电事故造成的后果,常用的严重度指标包括总负荷损失、电气量越限程度和经济损失。

1. 基于负荷损失的风险指标

基于负荷损失的严重度指标通过直接求取停电事故造成的负荷损失量来表示停电事故的严重程度,停电事故中的负荷损失主要包括三种类型。

(1)线路连续开断导致所有给某个(或某几个)负荷供电的线路都开断,从而导致负荷母线孤立。

(2)系统解列后,为保持各电气孤岛有功平衡,需要加入控制措施后导致的失负荷量。

(3)潮流不收敛情况下加入控制措施后导致的失负荷量。

第一种类型损失的负荷就是断开的负荷,后两种类型需要切负荷的数值可以通过最有潮流的方法求解,目标函数为切负荷最小,其优化模型如下。

目标函数为

$$\min \sum (P_{Li,0} - P_{Li}) \tag{4-1}$$

约束条件为

$$\boldsymbol{P} = \boldsymbol{B}\boldsymbol{\theta} \tag{4-2}$$

$$0 \leqslant P_{Gi} \leqslant P_{Gi,\max} \tag{4-3}$$

$$0 \leqslant Q_{Gi} \leqslant Q_{Gi,\max} \tag{4-4}$$

$$0 \leqslant P_{Li} \leqslant P_{Li,0} \tag{4-5}$$

$$-F_{i,\max} \leqslant F_i \leqslant F_{i,\max} \tag{4-6}$$

其中，$P_{Li,0}$、P_{Li} 为第 i 个负荷节点调整前后的负荷量；$\boldsymbol{P}$ 为节点有功注入向量；$\boldsymbol{B}$ 为电纳矩阵；$\boldsymbol{\theta}$ 为母线电压相角向量；P_{Gi}、Q_{Gi} 为发电机 i 调整后节点注入功率；$P_{Gi,\max}$、$Q_{Gi,\max}$ 为发电机 i 的节点注入功率极限值；F_i 为第 i 条线路调整后输送功率值；$F_{i,\max}$ 为线路 i 的热稳定极限。此时第二种类型和第三种类型损失的负荷量为

$$\text{Lose} = \sum (P_{Li,0} - P_{Li}) \tag{4-7}$$

2. 基于电气量越限程度的风险指标

基于电气量越限程度的严重度指标主要从暂态安全和静态安全的角度用停电事故发展过程中电气量的变化程度来表示停电事故的严重程度，主要考虑电压偏移、频率偏移、过负荷量等。

（1）依据供电电压允许偏差，电压偏移量不得超过 $\pm 10\%$，定义电压偏移严重度指标为

$$S_{Q,i} = \begin{cases} 1, & (u_i < 0.9u_{iN}) \bigcup (u_i > 1.1u_{iN}) \\ 10\left| \dfrac{u_i - u_{iN}}{u_{iN}} \right|, & 0.9u_{iN} \leqslant u_i \leqslant 1.1u_{iN} \end{cases} \tag{4-8}$$

$$S_Q = \sum_{i=1}^{n_B} S_{O,i} \tag{4-9}$$

其中，$S_{Q,i}$ 为母线 i 的电压偏移影响严重度；u_i 为母线 i 的电压值；u_{iN} 为母线 i 的额定电压值；S_Q 为系统的电压偏移影响严重度；n_B 为母线数。

（2）依据供电频率允许偏差，频率偏移量不得超过 $\pm 5\%$，定义频率偏移严重度指标为

$$S_f = \begin{cases} 1, & (f < 0.95f_N) \bigcup (f > 1.05f_N) \\ 10\left| \dfrac{f - f_N}{f_N} \right|, & 0.95f_N \leqslant f \leqslant 1.05f_N \end{cases} \tag{4-10}$$

其中，S_f 为系统的频率偏移影响严重度；f 为系统频率；f_N 为系统额定频率。

（3）根据线路负载水平，定义过负荷严重度指标为

$$S_{F,i} = \begin{cases} 0, & F_i < F_{iN} \\ \dfrac{F_i - F_{iN}}{F_{i,\lim} - F_{iN}}, & F_{iN} \leqslant F_i \leqslant F_{i,\lim} \\ 1, & F_i > F_{i,\lim} \end{cases} \tag{4-11}$$

$$S_F = \sum_{i=1}^{m} S_{F,i} \tag{4-12}$$

其中，$S_{F,i}$ 为线路 i 的过负荷严重度；F_i 为线路 i 的有功功率；F_{iN} 为线路 i 的额定功率；$F_{i,\lim}$ 为线路 i 的极限传输功率；S_F 为系统的过负荷严重度；m 为线路数。

综合严重度指标为

$$S = \omega_1 S_Q + \omega_2 S_f + \omega_3 S_F \tag{4-13}$$

其中，ω_1、ω_2、ω_3 分别为电压偏移严重度指标、频率偏移严重度指标和过负荷严重度指标对应的权重。

3. 基于经济损失的风险指标

停电事故带来的经济损失主要包括常规经济损失、行政罚款代价和电力安全责任事故代价这三方面[68,69]。

1) 常规经济损失

停电事故造成的失负荷的代价可以用单位停电费用损失乘以期望缺供电量来计算，其中单位停电费用损失采用电网供电范围内的国民生产总值和该地区的年用电量的比值，即单位电量的价值从整体上考虑总的经济损失代价。

停电事故导致的常规经济损失为

$$S_1 = p\Delta Pt \tag{4-14}$$

其中，p 为单位停电费用损失；ΔP 为停电事故导致的失负荷量；t 为停电负荷的停电时间。

2) 行政罚款代价

根据条例，行政罚款数额由电力安全事故等级决定。发生一般事故罚款在 10 万元以上、20 万元以下；发生较大事故罚款在 20 万元以上、50 万元以下；发生重大事故罚款在 50 万元以上、200 万元以下。停电事故导致电力安全事故的等级主要由失负荷量占所在电网总负荷的比例，即负荷损失比例 λ 所决定。

停电事故导致的行政罚款代价为

$$S_2 = \begin{cases} 20 \text{ 万元}, & \lambda \in (4\%, 7\%] \\ 50 \text{ 万元}, & \lambda \in (7\%, 10\%] \\ 200 \text{ 万元}, & \lambda \in (10\%, 30\%] \\ 500 \text{ 万元}, & \lambda \in (30\%, 100\%] \end{cases} \tag{4-15}$$

3) 电力安全责任事故代价

条例将电力安全事故分为一般事故、较大事故、重大事故和特别重大事故共 4 个等级。针对一个特定电网，均严格定义了导致各等级事故的 λ 范围 $(x, y]$。利用某一等级安全事故的损失负荷量的均值所导致的经济代价来表征承担该等级安全事故责任代价。假设损失比例 $(x, y]$ 内的负荷导致某一等级电力安全事故，则

导致该等级电力安全事故责任代价为

$$S_3 = \frac{p(x+y)Pt}{2} \qquad (4\text{-}16)$$

其中，P 为考核区域内的总负荷。

基于经济损失的停电事故严重度可以表示为

$$S_{\text{total}} = S_1 + S_2 + \omega S_3 \qquad (4\text{-}17)$$

其中，ω 为电力安全事故责任代价调节因子，根据事故等级范围和可承受性，进行
比例调节。通过设置调节因子可反映电网公司对电力安全事故后果的不同承受能
力，针对不同等级的电力安全事故责任，可设置不同的调节因子参数。

4.1.2　基于系统状态信息的电网运行风险评估指标

电网运行风险通常可以用某些脆弱元件的退出后果来衡量，如何找出停电事
故传播过程中的关键元件，进而对停电事故传播路径进行预测，具有重要的理论和
应用价值。根据对停电事故的评价要求，主要制定了反映故障空间规模的蔓延深
度指标、反映故障快慢的故障速度指标、反映故障影响大小的故障规模指标。

1. 电网运行风险深度指标

故障的蔓延深度指标从故障开断的级数来考虑，表示为 N_{cas}，可以充分反映系
统的脆弱性和初始故障对系统的影响。从蔓延深度指标可以直接反映初始故障对
当前运行方式下的电力系统的影响，分析何种类型的故障对电网的影响较大，对制
定预防措施有一定的指导作用。

不同的停电事故其停电事故蔓延的快慢程度一般是不同的，所以停电事故蔓
延的快慢程度不但是停电事故的重要特征，而且蔓延快慢程度不同的停电事故路
径受到人们的重视程度也不同，在同一搜索终止原则下，那些蔓延快的停电事故路
径更应引起人们的警觉。

在相同的搜索终止判据下，故障深度越大的初始故障更应引起运行工作人员
的注意。同时应该引起注意的是，越早产生分支的故障链路，故障的范围更容易扩
大，更可能由于分支各自发展，进一步继续发展时，系统更可能发展为不可控的故
障。如果故障蔓延速度已经远远大于线性传播速度，此时运行人员为了能够有效
地控制故障的进一步发展，可能需要采取十分过激的控制措施。

2. 电网运行风险速度指标

仅故障深度指标，不能从时间上来反映故障发生的速度，所以需要补充从时间
上衡量停电事故发生速度的指标。从初始故障发生到本级故障发生时的持续时间

记为 T_{cas}，定义停电事故的速度指标为

$$V = \frac{N_{cas}}{T_{cas}} \tag{4-18}$$

停电事故的速度指标反映了故障发展的快慢，但是其实际上仅能反映故障发展的平均速度，如果需要衡量每级故障发展的速度，需要定义一个新的指标。根据需要，定义停电事故的逐级故障速度指标。记 t 为上级故障发生时刻到本级故障发生的时间，定义停电事故的速度指标为

$$dV = \frac{1}{t} \tag{4-19}$$

上述指标反映了停电事故中逐级故障的发展程度。用逐级速度指标衡量停电事故是否进入快过程。如果故障进入快过程，运行人员缺乏足够的时间来切断故障的发展。

3. 电网运行风险规模指标

在停电事故过程中，退出运行元件的数量反映了停电事故在空间上的蔓延规模。记停电事故过程中跳开的线路数量为 NUM，则定义停电事故的蔓延规模指标为

$$S_n = \frac{NUM}{N} \tag{4-20}$$

其中，N 为系统中的元件总数。

需要说明，将所有断开线路平等看待，忽视了不同电压等级线路，或者同一电压等级不同负载线路的开断对系统或用户造成影响的不同，因此上述蔓延规模指标存在较大的局限性。可以从损失负荷的角度来衡量故障规模。记停电事故过程中损失的负荷为 W_{cas}，定义停电事故的负荷损失蔓延指标为

$$S_{nW} = \frac{W_{cas}}{W} \tag{4-21}$$

其中，W 为系统的总负荷。

4. 电网停电事故树的度

电网停电事故树形成之后，可以根据故障发展过程中，故障树的度来定义停电事故的蔓延速度。从故障树的分支数目来衡量故障发展的规模和速度，定义方法如下。

1) 故障节点的度

故障树的故障节点元件发生故障后，引起的其他线路、元件停电事故的故障元

件数目。如图 4-1 所示,故障节点 i 的度
值为 3。

2) 故障树的度

故障树的度是指初始故障发生后,
故障树的最大的故障节点的度。

需要说明的是,目前电网停电事故
的评价指标大都是分离的评价指标,为
了建立简洁、可对比的量化指标,还需建
立综合的评价指标体系。

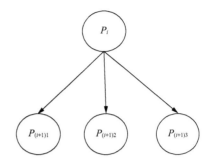

图 4-1　故障节点的度

4.1.3　基于设备在线运行状态信息的电网运行风险评估指标

评估电力系统风险指标需要遵守一些基本原则:

(1) 严重度函数应能够反映故障和负荷状况对电力系统的影响 。

(2) 故障严重度应该能以电网相关的参数表示其后果,该后果应具有实际物
理意义且易于被调度员理解。

(3) 严重度函数应尽量与确定性决策准则之间建立联系。

(4) 严重度函数应当简单明了。

(5) 严重度函数应能反映不同问题的相对严重度,便于计算复合指标。

(6) 严重度函数应能反映越限的程度。

这些准则可为建立电力系统停电事故在线评估指标体系提供参考。

本书的研究涉及元件、系统和停电事故路径三个层面,因此,相应的指标也划
分为元件、系统和停电事故路径三个类别。

1. 元件层次指标

本节假设元件具有完好和故障两个状态。元件随时间变化的完好和故障的概
率分别为

$$p_0(\Delta t) = \lambda \Delta t \tag{4-22}$$

$$p_1(\Delta t) = 1 - \lambda \Delta t \tag{4-23}$$

2. 系统层次指标

将系统状态划分为健康和风险两种系统状态,分别对应于不切负荷的系统状
态和切负荷的系统状态。

失负荷概率(Loss of Load Probability,LOLP)为

$$\mathrm{LOLP}(i) = \sum_j p_{S_i}(j) \tag{4-24}$$

其中，i 为初始故障序号；S_i 为初始故障状态；j 为该初始状态下具有切负荷状态的停电事故事件；$p_{S_i}(j)$ 为事件概率。一般来讲，系统可以在 $N-1$ 条件下满足负荷的供应，本书所涉及的切负荷，仅在系统功率不能满足负荷时进行。

电能不足期望值（Expected Energy Not Supplied，EENS）为

$$\text{EENS}(i) = \sum_j p_{S_i}(j) \times C_{S_i}(j) \tag{4-25}$$

其中，i 为初始故障序号；S_i 为初始故障状态；$C_{S_i}(j)$ 为在初始故障 i 下得到的停电事故事件 j 的切负荷量大小。该指标可通过失负荷量期望值来反映停电事故对电力系统造成的影响。

停运线路期望（Expected Transmission Lines Tripped，ETLT）为

$$\text{ETLT}(i) = \sum_j p_{S_i}(j) \times N_{S_i}(j) \tag{4-26}$$

其中，i 为初始故障序号；S_i 为初始故障状态；$N_{S_i}(j)$ 为在初始故障 i 下得到的停电事故事件 j 的停运线路数。该指标可通过停运线路规模来反映停电事故对电力系统造成的影响。

采用层次分析法计算得到用于表示系统薄弱程度的综合性指标。层次分析法用于解决多目标的决策问题，首先将决策问题层次化，构造出一个多层次的结构模型，并将决策目标从整体目标向各分层目标展开；其次，在各个层次中，针对不同决策目标采用两两比较的方式构造判断矩阵，并计算得到相应权重向量；最后，将各分层权重向量统一，得到系统整体的权重。根据层次分析法，问题的层次结构模型如图 4-2 所示。

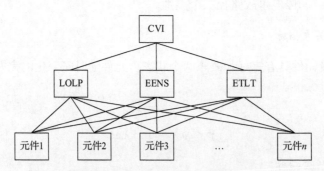

图 4-2　薄弱环节分析层次结构模型

在本节中，进行两两比较时，引用数字 1～9 及其倒数作为标度构造判断矩阵，标度定义如表 4-1 所示。

表 4-1　判断矩阵标度定义

标度	含义
1	两个元素相比,具有相同的重要性
3	两个元素相比,前者比后者稍重要
5	两个元素相比,前者比后者明显重要
7	两个元素相比,前者比后者强烈重要
9	两个元素相比,前者比后者极端重要
2,4,6,8	上述相邻判断的中间值
倒数	如果因素 i 与因素 j 的重要性为 a_{ij},则因素 j 与因素 i 的重要性之比为 $a_{ji}=1/a_{ij}$

3. 停电事故路径层次指标

对于停电事故路径的描述分为确定性指标和概率性指标两类。

确定性指标包含停电事故路径(cascading path,CP)、停电事故路径深度(cascading path depth,CPD)、停电事故路径总失负荷量(sum of load curtailment of cascading path,SLCCP)及停电事故路径灾难度系数(disaster degree of cascading path,DDCP)。假设系统中包含 n 个元件,可能出现 m 条停电事故路径。

CP 指标记录了停电事故路径经历的各个系统状态,由于本书假设相邻系统状态间只有一个元件的状态发生变化,所以,停电事故路径经历的系统状态以状态发生变化的元件进行标记:

$$\mathrm{CP}_i=\bigcup_{j=1}^{n_i}L_{ij},\quad i=1,2,\cdots,m \tag{4-27}$$

其中,CP_i 为第 i 条停电事故路径,且该条停电事故路径包含 n_i 个系统状态;L_{ij} 为该条停电事故路径经历的第 j 个系统状态。

CPD 指标记录了停电事故路径的深度,即停电事故路径经历的系统状态数目,它从故障元件数量的角度描述了停电事故的严重程度:

$$\mathrm{CPD}_i=n_i,\quad i=1,2,\cdots,m \tag{4-28}$$

SLCCP 指标统计了停电事故路径经历的各个系统状态失负荷量的总和,它从失负荷量的角度描述了停电事故的严重程度:

$$\mathrm{SLCCP}_i=\sum_{j=1}^{n_i}C_{ij},\quad i=1,2,\cdots,m \tag{4-29}$$

其中,C_{ij} 为第 i 条停电事故路径经历的第 j 个系统状态的失负荷量。

DDCP 指标为停电事故路径经历的每个系统状态下失负荷量与该状态对应的总负荷量的比值之和:

$$\mathrm{DDCP}_i = \sum_{j=1}^{n_i} C_{ij}/C_{ij\_total}, \quad i = 1, 2, \cdots, m \tag{4-30}$$

其中，C_{ij_total} 为第 i 条停电事故路径经历的第 j 个系统状态的总负荷量。

概率性指标包括停电事故路径概率（Cascading Path Probability，CPP）和停电事故路径严重度（Severity of Cascading Path，SCP）。

CPP 指标为停电事故路径经历的各个系统状态概率之积：

$$\mathrm{CPP}_i = P_{i1} \times P_{i2} \times \cdots \times P_{in_i}, \quad i = 1, 2, \cdots, m \tag{4-31}$$

其中，P_{ij} 为第 i 条停电事故路径经历的第 j 个系统状态的概率。

SCP 指标为停电事故路径概率与该路径总的切负荷量之积，描述了停电事故路径的风险。如果将当前系统状态下可能产生的所有停电事故路径的 SCP 指标求和，即可获得该系统状态的停电事故风险：

$$\mathrm{SCP}_i = \mathrm{CPP}_i \times \mathrm{SLCCP}_i, \quad i = 1, 2, \cdots, m \tag{4-32}$$

上述三个层次的指标体系反映了停电事故的主要运行可靠性信息。

4.2　基于系统运行状态信息及设备运行状态的电网运行风险评估技术

4.2.1　基于系统运行状态信息的线路停运概率模型

1. 基于线路自身因素的线路停运概率

线路自身因素主要考虑线路老化失效，线路老化失效引起的线路停运故障率 λ 可根据当前运行工况下线路的运行年限，在通过历史统计数据得到的线路老化失效故障率曲线中可找到对应的数值。

假设电网处于同一地理、气象环境，则在相同的时间内，线路的停运概率与线路的长度和单位长度老化故障率成正比，将所有线路长度与单位长度故障率乘积的归一化数值作为线路停运概率，则有

$$p_{\mathrm{wm}} = \frac{\lambda_{\mathrm{om}} \mathrm{Len}_m}{\sum\limits_{i \in \mathrm{Line}} \lambda_i \mathrm{Len}_i} \tag{4-33}$$

其中，λ_{om} 为线路 m 的单位长度老化故障率；Len_m 为线路 m 的长度；Line 为系统中线路的集合。

2. 基于潮流转移的线路停运概率

潮流转移引起的线路停运概率取决于线路的负载率以及该线路潮流变化对其

他线路功率的影响。

定义 η_n 为线路 n 的负载率，则有

$$\eta_n = \frac{F_n}{F_{n,\max}} \tag{4-34}$$

其中，F_n 为线路 n 开断前的潮流值；$F_{n,\max}$ 为线路 n 的潮流极限值。

线路潮流变化对其他线路功率的影响可以用线路潮流波动指标、线路负载率指标和线路耦合指标来决定。

线路潮流波动指标 A_{mn} 表示线路 n 切除后线路 m 的潮流变化量与线路 m 原有潮流的比值，该指标越大，则线路潮流波动越大，有

$$A_{mn} = \frac{F_m - F'_m}{F'_m} \tag{4-35}$$

其中，F_m 为线路 n 开断前线路 m 的潮流值；F'_m 为线路 n 开断后线路 m 的潮流值。

线路负载率指标 H_{mn} 表示线路 n 切除后线路 m 的负载率，有

$$H_{mn} = \frac{F'_m}{F_{m,\max}} \tag{4-36}$$

线路耦合指标 B_{mn} 表示线路 n 切除后线路 m 的潮流变化量与线路 n 原有潮流的比值，该指标越大，说明线路 n 退出对线路 m 的潮流变化影响越大，有

$$B_{mn} = \frac{F'_m - F_m}{F_n} \tag{4-37}$$

线路 n 开断后，潮流转移引起的线路 m 的停运概率可表示为

$$p_{am} = \frac{\eta_n A_{mn} H_{mn} B_{mn}}{\displaystyle\sum_{i\in \text{Line}, i\neq n} \eta_n A_{in} H_{in} B_{in}} \tag{4-38}$$

3. 基于隐性故障的线路停运概率

隐性故障作为保护装置中存在的一种固有缺陷，只有当系统发生故障时这种缺陷才会表现出来，从而导致被保护元件的不恰当断开。当线路开断后，全网潮流重新分配的过程中，可能会发生因保护或断路器误动引起的线路停运。由于单重隐性故障的概率已经很小，多重隐性故障的概率就更小了，因此本书不考虑多重隐性故障，则隐性故障引起的线路 m 的停运概率可表示为

$$p_{bm} = p_{\text{mis\_b}} + p_{\text{mis\_d}} \tag{4-39}$$

其中，$p_{\text{mis\_b}}$ 为保护误动概率；$p_{\text{mis\_d}}$ 为断路器误动概率。

针对保护误动的情况,本书以距离保护为例,并假设距离保护为全阻抗保护,设 Z_{set} 为整定阻抗,Z_k 为测量阻抗。

根据全阻抗保护的动作特性,圆轨迹将阻抗复平面分为圆内和圆外两部分,分别对应着动作区和不动作区,而圆轨迹上处于动作的临界状态。假设保护误动概率在圆内误动概率为 0,在圆周处误动概率最大,在圆外误动概率随着测量阻抗的增大而线性减小,且当测量阻抗增加到 $3Z_{set}$ 时误动概率减小为 0,因此保护误动的概率可表示为

$$p_{mis\_b} = \frac{(3Z_{set} - Z_k)}{2Z_{set}} \times p_Z, \quad Z_{set} \leqslant Z_k \leqslant 3Z_{set} \tag{4-40}$$

其中,p_Z 为保护最大误动概率。

断路器误动概率与断路器物理特性有关,可视为常数。

4. 基于天气因素的线路停运概率

在实际电网中运行的输电线路是暴露在室外的,其故障率与所处的天气情况有关。在雷雨、台风、冰雪等一些极度恶劣的天气条件下,线路的故障率大大增加。为简化起见,将天气变化处理为正常和恶劣这两种天气情况的随机过程,由于长距离输电线路可能跨越多个气候区域,同一条线路在同一时刻可能处于不同的天气状况,则在两状态天气模型下,线路在第 i 个气候区域内单位长度的偶然失效故障率 λ_{ti} 可表示为

$$\lambda_{ti}(z_i) = \begin{cases} (1-\varepsilon)\dfrac{N_1 + N_2}{N_1}\bar{\lambda}_t, & z_i = 0 \\ \varepsilon\dfrac{N_1 + N_2}{N_2}\bar{\lambda}_t, & z_i = 1 \end{cases} \tag{4-41}$$

其中,ε 为线路在恶劣天气下的故障比例;N_1 为正常天气持续时间比例;N_2 为恶劣天气持续时间比例;$\bar{\lambda}_t$ 为线路单位长度故障率的统计平均值,z_i 表示线路所处的气候区域 i 的天气状况,其中 $z_i = 0$ 表示正常天气,$z_i = 1$ 表示恶劣天气。

线路总的偶然失效故障率 λ_t 为

$$\lambda_t = \sum_{i=1}^{I} \lambda_{ti}(z_i) l_i \tag{4-42}$$

其中,I 为线路经过的气候区域数;l_i 为线路在第 i 个气候区域的长度。

对于两状态天气模型,线路单独停运概率为

$$p_{cm} = 1 - e^{-\lambda_t t} \tag{4-43}$$

4.2.2 停电事故发展路径概率

系统运行风险考虑的停电事故是从简单元件的故障开始传递、扩散,引起一系

列其他元件停运,最终导致更大范围甚至整个电网停电的过程。停电事故发展过程中,涉及若干相继故障元件,为了得到停电事故路径和当前路径的概率,需要首先分析元件故障概率与元件所处电力系统行为和状态的关系。

　　状态转移概率为系统当前状态转移至下一状态的概率,由于仅考虑故障,而不考虑线路修复,因此状态转移概率实际为当前状态下的故障概率,本质上为当前状态下的条件故障概率。而当前系统状态下,可能存在多个可能的故障元件。由于不同的故障元件组合,将导致不同的故障后果,即不同的后续停电事故状态,需要通过元件故障概率求得不同状态间的转移概率,如图 4-3 所示。

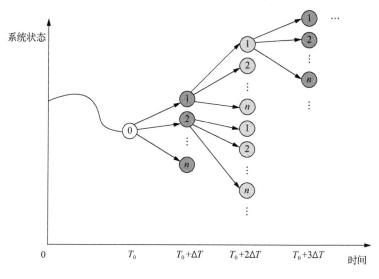

图 4-3　停电事故路径示意图

　　将系统的状态进行划分,将系统状态分为吸收状态和转移状态两类:①吸收状态,在此状态下,系统中没有元件过负荷,这时为一个系统的正常工作状态;系统在正常工作下,发生停电事故的概率极低,因此,将此状态定义为吸收状态,一旦进入这个状态,系统将会停留在此状态;②转移状态,在此状态下,系统中包含过负荷元件,甚至超越运行极限的元件,这类元件有可能被切除,并进一步触发下一级故障,因此将此类状态定义为转移状态。基于马尔可夫过程的停电事故转移过程示意如图 4-4 所示[70]。

　　图 4-4 中 $S_i^{(m)}$ 表示第 i 个有 m 个元件退出运行的系统状态,$p_i^m(\Delta t)$ 表示在有 m 个元件退出运行的系统状态下,第 i 个元件停运并发生系统状态转移的概率。

　　根据马尔可夫状态转移过程,提出状态转移概率计算方法。

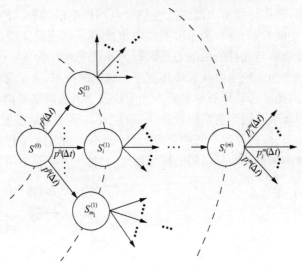

图 4-4　马尔可夫状态转移模型

1. 吸收状态

系统将停留在此状态,对外状态转移概率为零,即 $p_{ij}(\Delta t)=0,p_{ii}(\Delta t)=1$,式中 j 为所有可能的转移状态

2. 转移状态

1) 只有一个元件超越工作极限

在此状态下,由于保护装置动作切除此元件,系统将转移至下一个状态,系统状态转移概率为 1,停留在原始状态的概率为零,即 $p_{ij}(\Delta t)=1,p_{ii}(\Delta t)=0$,式中 j 为所有可能的转移状态,此时为元件 i 被切除的状态。

2) 不止一个元件超越工作极限

超越工作极限的系统元件将被保护动作切除,且这些元件被切除的概率相同。假设在未来 Δt 内,两个或更多元件同时故障的概率可以忽略不计,即同一时间内,只有一个元件被切除,则 $\sum\limits_{i\in \mathrm{OT}_i} p_i^m(\Delta t)=1$,并且 $p_i^m(\Delta t)=p_j^m(\Delta t),p_{ii}(\Delta t)=0$,式中 $i,j\in \mathrm{OT}_i$,其中 OT_i 为在状态 $S_i^{(m)}$ 下所有超越工作极限的元件集合。

3) 不存在超越极限元件,但存在过负荷元件

在此状态下,过负荷工作元件有可能会被切除,这个概率可能通过前方所述的元件运行可靠性模型计算得到,并结合不同的计算结果,计算系统状态转移概率大小。

如果 $\sum\limits_{i\in \mathrm{OL}_i} P(i\mid S_i^{(m)})>1$,其中 OL_i 为状态 $S_i^{(m)}$ 下所有的过负荷元件集合,$P(i\mid S_i^{(m)})$ 为状态 $S_i^{(m)}$ 下元件 i 的停运概率。根据马尔可夫过程特性可知,一个

状态向外转移及停留在原状态的转移概率之和为 1，则可通过变化得到该状态下的转移概率：令 $p_i^m(\Delta t) = \dfrac{P(i \mid S_i^{(m)})}{\sum\limits_{i \in \mathrm{OL}_i} P(i \mid S_i^{(m)})}$，使得 $\sum\limits_{i \in \mathrm{OL}_i} p_i^m(\Delta t) = 1, p_{ii}(\Delta t) = 0$。

如果 $\sum\limits_{i \in \mathrm{OL}_i} P(i \mid S_i^{(m)}) = 1, p_i^m(\Delta t) = P(i \mid S_i^{(m)})$ 且 $p_{ii}(\Delta t) = 0$。

如果 $\sum\limits_{i \in \mathrm{OL}_i} P(i \mid S_i^{(m)}) < 1, p_i^m(\Delta t) = P(i \mid S_i^{(m)})$ 且 $p_{ii}(\Delta t) = 1 - \sum\limits_{i \in \mathrm{OL}_i} p_i^m(\Delta t)$。

至此，假设某停电事故路径 i 包含 n 个系统状态，并根据发生的先后顺序分别记为状态 1 到状态 n，该条停电事故路径概率 P_{casi} 可通过下式求解：

$$P_{\mathrm{casi}} = P(S_1) \times P(S_2/S_1) \times \cdots \times P(S_n/S_1 S_2 \cdots S_{n-1})$$

其中，$P(S_i \mid S_j)$ 为不同系统状态间的转移概率。该方法可有效减小停电事故搜索空间，提高搜索效率。

在此基础之上，可以设计出基于马尔可夫过程的停电事故风险定量评估方法，包括以下几个主要步骤。

（1）设当前为 $t=0$ 时刻，获取历史气象数据，利用基于支持向量机（support vector machine，SVM）的天气预测技术计算 $t = \Delta t$ 时刻的气温和风速；获取当前天气的总体情况。

（2）获取 $t = \Delta t$ 时刻的短期负荷预测数据、发电机组开停机和发电计划、网络数据等电力系统数据，分析该时刻的系统交流潮流。

（3）获取元件故障率统计平均值等可靠性数据，假设在研究时段 Δt（如 1h）内天气和运行方式保持不变，采用条件相依的元件短期可靠性模型计算 $T + \Delta t$ 时刻的元件停运概率。

（4）在当前状态下搜索系统越限元件，包括负载越限线路、电压或频率越限发电机及电压或频率越限母线，并进行停电事故搜索。

（5）生成初始故障集，初始故障集中的每一个元素均记录了当前系统状态下的越限元件，即可能的故障线路、可能的停运发电机，以及可能的自动减负荷。在这里，假设每次只处理一个越限量。

（6）对于初始故障集中的每一个元素，处理越限，重新计算系统潮流和切负荷大小，并计算系统状态，在系统功率不平衡时进行切负荷。

根据马尔可夫状态转移过程，状态空间中任意一个系统状态向外转移及停留在原状态的概率之和为 1，在进行越限处理时，需要进行如下判断（这里暂时未考虑继电保护装置和安全自动装置的动作时限）。

①是否存在超越极限运行的元件或母线？

若是，仅对超越极限运行的元件进行处理，每次仅处理一个越限量，各元件被处理的概率相同，即 $\sum\limits_{i \in \mathrm{OT}_i} p_i^m(\Delta t) = 1$，并且 $p_i^m(\Delta t) = p_j^m(\Delta t), p_{ii}(\Delta t) = 0$。

②超越额定运行条件的元件停运概率之和是否大于 1?

通过变化得到该状态下的转移概率:令 $p_i^m(\Delta t) = \dfrac{P(i \mid S_i^{(m)})}{\sum\limits_{i \in OL_i} P(i \mid S_i^{(m)})}$,使得

$$\sum\limits_{i \in OL_i} p_i^m(\Delta t) = 1, p_{ii}(\Delta t) = 0.$$

(7) 如果第(4)步中的状态概率大于设定的阈值(可设置为 10^{-10} 进行测试),且故障规模小于设定的阈值(可设置为小于 20 条线路停运),则将此状态添加至备选故障集,若无满足条件的状态,则停止搜索。

(8) 将初始故障集取为备选故障集,并清空当前备选故障集,重复第(6)~(8)步。

(9) 计算停电事故风险指标。

停电事故搜索流程如图 4-5 所示。

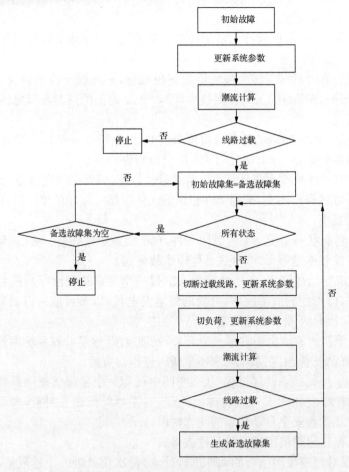

图 4-5　线路故障搜索示意图

　　故障发展路径如图 4-6 所示,假设某停电事故路径 i 包含 n 个系统状态,并根据发生的先后顺序分别记为状态 1 到状态 n,由条件概率计算公式可获得该条停电事故路径概率 P_{casi} 为

$$P_{\text{casi}} = P(S_1) \times P(S_2/S_1) \times \cdots \times P(S_n/S_1 S_2 \cdots S_{n-1}) \tag{4-44}$$

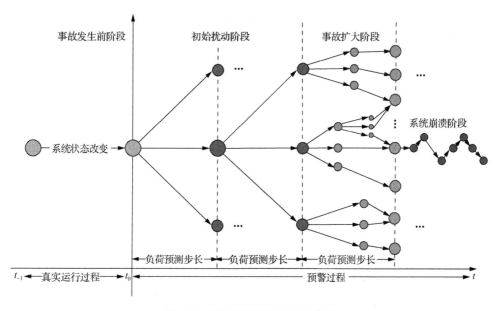

图 4-6　停电事故路径寻找示意图

　　由于元件故障率和故障概率均是基于当前系统状态计算获得的,而当前系统潮流水平仅受上一个系统状态的影响,因此,当前系统内元件故障率和故障概率本身反映了前一系统状态对当前系统状态的影响。从本质上来说,当前系统状态概率实际上是在前一系统状态发生的前提下发生当前系统状态的概率,即条件概率。因此,停电事故路径 i 经历的 n 个系统状态的概率分别为

$$P_1 = P(S_1)$$
$$P_2 = P(S_2/S_1)$$
$$\vdots$$
$$P_n = P(S_n/S_1 S_2 \cdots S_{n-1}) \tag{4-45}$$

其中,$Pj(j \in n)$ 为停电事故路径历经的第 j 个系统状态的概率。

4.2.3　基于遗传演化算法的电网运行风险评估技术

　　遗传演化算法最初用于求解考虑约束的优化问题[71]。该算法是模拟遗传演化进程,其中常用适应函数来表示自然选择压力,引导种群的演化发展。对于简单

遗传算法而言,初始种群可随机产生,种群中的每个个体称为"染色体",通过特定的方程或约束条件评估个体适应情况。随后,在现有种群基础之上,通过个体适应值大小选择生成新的种群,并配合必要的杂交、变异操作,生成最终种群。一般来讲,遗传演化会进行多代,直至满足预定的截止条件或达到遗传代数。

在系统局部运行环境、运行条件的变化下,停电事故的发展可能是由于潮流转移后部分元件负荷过载,进而使更多元件相继退出运行,最终导致大停电事故。对于电力系统停电事故而言,种群代表系统可能的状态集合,种群中的每个个体均代表系统的一种状态。以一个包含 k 个元件的电力系统为例,若每个元件均包含故障和运行两个状态,系统总共包含 2^k 个状态。其中每条染色体(每个个体)对应一个系统状态,染色体包含的基因数为系统元件数,基因采用二进制编码,"0"表示故障,"1"表示运行,如表 4-2 所示。

表 4-2　染色体示意

系统分区	♯1	♯2	⋯	♯n
类型	$g_{11}g_{12}g_{13}g_{14}$	$l_{21}l_{22}\cdots l_{2m}$	⋯	$l_{n1}l_{n2}l_{n3}\cdots$
染色体	1101	01⋯1		111⋯

该系统包含 n 个分区。类型符号包含三部分,第一部分表示元件类型,其中 g 代表发电机,l 代表线路;第二部分为分区号;第三部分为元件序号。染色体为对应元件(系统)的状态。对于表 4-2 所列的系统,其中分区 1 中包含发电机 4 台,分别为 g_{11}、g_{12}、g_{13} 与 g_{14},其中编号为 3 的发电机目前处于故障状态;分区 2 中包含线路 m 条,分别记为 $l_{21}, l_{22}, \cdots, l_{2m}$,其中编号为 1 的线路目前处于故障状态。

每条染色体代表一个系统状态,每个状态 i 均有其对应的系统状态条件概率 P_i、系统失负荷量 Cap_i 及适应值 $Fitness_i$,这些信息存储在系统状态矩阵中,每条染色体对应一条矩阵信息。如表 4-3 所示。

表 4-3　系统状态信息

元件号	条件概率	失负荷量	适应值
i	P_i	Cap_i	$Fitness_i$

在遗传演化开始时,初代种群为系统在当前状态下可能的系统转移状态集合。随后,通过特定的函数评估种群中的每个个体,可以获取每个个体的适应值和当代种群的整体适应值。在此种群基础之上,采用选择、杂交、变异手段,可产生新的种群。其中,通过选择手段,将当代种群中具有较大适应值的个体保留到新的一代种群中,而适应值较小的个体遭到淘汰;通过杂交、变异手段可以产生新的个体,每当产生一个新的个体,均需要根据父代所包含的系统状态信息,计算子代的状态信息。在本例中,杂交、变异的本质是在个体所代表的系统状态下,计算元件的条件

停运概率,以及由此造成的失负荷量,而后使该系统状态向条件停运概率较大或失
负荷量更大的状态转移,产生新的个体。由此,遗传演化可以进行多代,直到满足
系统截止条件。

　　1) 遗传演化流程

　　采用遗传演化算法的停电事故模拟旨在通过适当地选择压力设置,针对不同
系统初始状态,模拟系统演化过程,搜索系统可能的停电事故状态,并发现系统薄
弱环节。具体流程如下。

　　(1) 读取遗传参数,遗传代数 $n_{Generation}$,种群规模 n_{Pop_size},杂交概率 P_c,变异概
率 P_m。

　　(2) 读取系统状态信息,生成电网拓扑,计算系统潮流。

　　(3) 根据系统当前状态,分析系统可能的状态转移过程,生成转移后系统状态
集合,并计算转移后每个系统状态的条件概率、失负荷量和适应值,将这些信息存
储在与系统状态对应的状态信息矩阵中。

　　(4) 通过系统状态集合,生成初始种群。

　　(5) 通过适应值大小,选择生成新的种群。

　　(6) 杂交、变异,基于当前个体计算适应值,选择
适应值大的个体作为杂交、变异后果。

　　(7) 通过比较杂交、变异后的子代个体与父代个
体的适应值大小,生成新的子代种群。

　　(8) 反复进行第(5)～(7)步,直至满足截止条件。

　　(9) 输出停电事故结果。

　　遗传算法流程如图 4-7 所示。

　　2) 系统状态矩阵生成

　　系统状态矩阵中包含转移后系统状态的条件概
率、失负荷量和适应值大小[72]。其中条件概率为转移
后系统状态在当前状态下的故障概率,在具体计算
时,基于运行可靠性评估理论,需要结合系统当前状
态,分析元件条件相依故障概率。元件条件相依故障
概率即考虑元件自身健康状况、运行条件、运行环境
影响,元件在短期内的故障概率。其中线路停运概率
随线路潮流变化的曲线可表述如图 4-8 所示。

　　当线路潮流在正常值范围内时,潮流对线路停运
概率的影响很小,线路停运概率可取为统计平均值;
当线路潮流超过线路传输极限时,由于保护装置动
作,线路切除,停运概率为 1;当线路潮流在额定容量

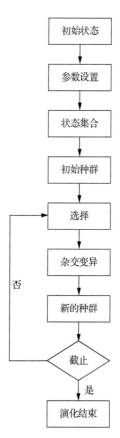

图 4-7　遗传算法流程

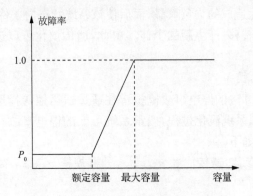

图 4-8　线路停运概率随潮流变化曲线

至最大容量时,停运概率呈线性增长。停电事故的发展具有一定的时序关联性,故障路径上每一条后续发展路径均基于系统当前运行状态转移得到。基于运行可靠性评估理论,可以获得每一个转移状态的条件停运概率,并最终得到停电事故路径的条件概率。

　　适应值的计算决定遗传演化进行方向,在本例中,为了找到系统在不同初始状态下的可能停电事故状态,系统故障状态条件概率较大,以及故障状态失负荷量较大的状态需要得到保留和适当发展。因此,适应值大小的计算公式如下:

$$\text{Fitness}(S_i) = C_i \times \frac{P_i}{P_\Sigma} \tag{4-46}$$

其中,S_i表示种群中的个体i;C_i为系统在此状态下的失负荷量大小;P_i为系统条件概率;P_Σ为种群中所有个体条件概率之和。适应值可以反映电力系统停电事故风险情况,可作为停电事故风险指标。需要说明的是,在遗传演化过程中,每一次生成新的子代或产生新的个体时,均需要通过父代所包含的系统状态信息,计算子代状态信息。适应值体现了停电事故风险大小,将作为遗传演化过程中的自然选择压力,引导遗传演化向停电事故风险更大的方向发展。在具体的停电事故路径搜索过程中,以"适应值"为风险指标,使系统向故障概率较大或损失负荷量较大的状态发展。找到的停电事故路径中,往往存在一些共同的故障元件,或存在一些故障关联性较强的元件,这些元件定义为薄弱环节,认为这些元件的故障,最易造成停电事故扩散。

　　3) 产生新的子代

通过选择、杂交、变异三个操作生成新的子代,具体步骤如下。

(1) 计算种群中每个个体的适应值。

(2) 选择。

随机从种群中选择两个个体,比较两个个体的适应值大小,保留适应值较大的个体至新的种群中。重复此操作，直至选择出种群规模 n_{Pop_size} 个个体为止。

（3）杂交。

随机生成一个随机数 r_c，若 $r_c < P_c$，进行杂交操作；否则保留个体不变。杂交流程如图 4-9 所示。

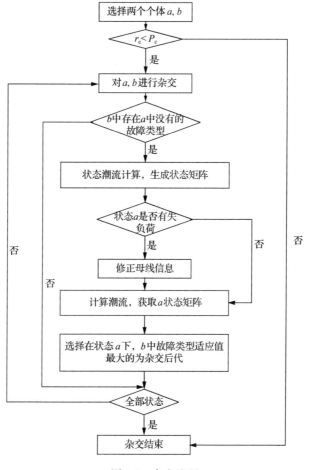

图 4-9　杂交流程

进行杂交时，尽量使杂交过程可以产生新的个体，并希望系统可以向更坏的情况发展，具体而言，杂交个体在待杂交个体中寻找自身不存在的故障状态，并选择在本个体条件下，具有最大适应值的故障状态为杂交后的个体状态。因此杂交后的个体将比杂交前的个体具有更多的故障元件。每进行一次杂交操作，均需要更新与个体相对应的状态矩阵信息。

举例说明，若 a：011011110 与 b：011010101 进行杂交，b 中存在 a 中没有的元件 6 与元件 8 故障，对于 a，计算当前潮流并获取状态矩阵，即在 a 下各工作线

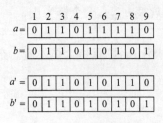

图4-10 杂交过程举例

路故障的条件概率、失负荷量大小、适应值,取 6 与 8 中适应值大者作为杂交结果。本例中,若 6 的适应值大于 8 的适应值,则选择元件 6 故障作为杂交后果:011010110,如图 4-10 所示。

(4) 变异及保存最优。

随机生成一个随机数 r_m,若 $r_m < P_m$,进行变异操作;否则保留个体不变。此后,比较杂交、变异后个体的适应值与父代适应值的大小,若变异后个体适应值大于父代,则取代父代个体,成为新的子代个体;否则父代个体成为新的子代个体。变异及保存最优流程如图 4-11 所示。

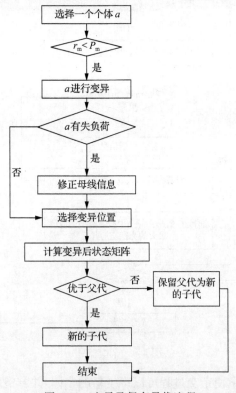

图4-11 变异及保存最优流程

进行变异时,尽量使变异过程可以产生新的个体,并希望系统可以向更坏的情况发展,具体而言,在变异个体中选择正常运行的元件,计算在当前系统状态下,这些正常工作元件故障的条件概率、失负荷量大小及适应值大小,并选择具有最大适应值的状态为变异后的个体。每进行一次杂交操作,均需要更新与个体相对应的状态矩阵信息。

举例说明，对 a：011011110 进行变异操作，随机生成一个有效变异位置，即找到正常工作元件，计算当前潮流并获取状态矩阵，在 a 下各工作元件故障的条件概率、失负荷大小、适应值，取适应值最大的故障作为变异结果。本例中，若基于当前状态，元件 6 故障的适应值最大，则变异后的结果为 011010110，如图 4-12 所示。

图 4-12　变异过程举例

4）截止条件

设置两个截止条件用于中止停电事故的遗传演化，其一，当遗传演化达到预先设定的遗传代数时；其二，新的子代种群失负荷量较父代种群失负荷量不再增加。

5）算例分析

采用 RBTS 测试系统进行算例分析，如图 4-13 所示，系统包含母线 6 个，其中发电机节点两个，分别为 Bus1、Bus2，取 Bus1 为平衡节点；包含传输线 9 条，各线路可靠性参数及传输容量如表 4-4 所示；系统装机容量为 240MW，最大负荷为 185MW；容量基值取为 100MVA。

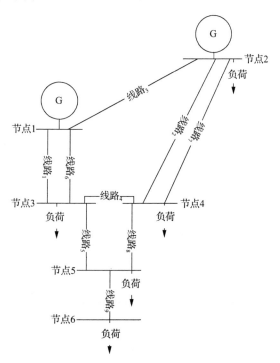

图 4-13　RBTS 测试系统示意

表 4-4 线路可靠性参数及传输容量

线路	起始母线	终止母线	故障率/(次/年)	修复时间/(小时/次)	传输容量/(p.u.)
1,6	1	3	1.5	10.0	0.85
2,7	2	4	5.0	10.0	0.71
3	1	2	4.0	10.0	0.71
4	3	4	1.0	10.0	0.71
5	3	5	1.0	10.0	0.71
8	4	5	1.0	10.0	0.71
9	5	6	1.0	10.0	0.71

在停电事故演变过程中,一般为线路相继故障,故在本例中,不考虑发电机故障,仅分析由于线路故障导致的停电事故情况。通过前面所述的遗传演化算法,得到在不同初始状态下,该测试系统可能的停电事故情况,如表 4-5 所示。

表 4-5 停电事故模拟结果

初始状态	状态概率	失负荷量/(MW)	故障线路	计算时间/s
完好状态	1.464×10^{-7}	1.33	2,3,7	0.258
1 或 6 故障	3.077×10^{-4}	1.26	1,2,6	0.254
2 或 7 故障	2.580×10^{-5}	1.05	2,3,7	0.270
3 故障	3.221×10^{-5}	1.05	2,3,7	0.274
4 故障	3.221×10^{-5}	0.75	2,4,7	0.272
	2.637×10^{-6}	1.38	2,3,4,7	0.266
5 故障	3.221×10^{-5}	0.77	2,5,7	0.272
	1.464×10^{-7}	1.31	2,3,5,7	0.272
8 故障	1.464×10^{-7}	1.36	2,3,7,8	0.289
	3.673×10^{-8}	1.50	2,5,7,8	0.278
	3.673×10^{-8}	1.13	2,7,8,9	0.284
9 故障	3.221×10^{-5}	0.98	2,7,9	0.268
	1.464×10^{-7}	1.72	2,3,7,9	0.290

表 4-5 中列举在不同初始状态下,系统可能的停电事故状态。需要说明的是,在同一初始故障状态下,系统可能会演化至几个不同的停电事故结果,表中仅列举故障概率较大的几个系统状态。从遗传演化算法模拟结果可知,该系统中,当线路 1 或线路 6 故障时,易发生停电事故,停电事故概率为 3.077×10^{-4},故障造成系统损失负荷达 126MW;其次,当线路 2 或线路 7 故障时,停电事故概率为 2.580×10^{-5},将造成系统损失负荷 105MW。从不同初始状态下停电事故的结果统计可知,系

统的薄弱环节为线路 2 和线路 7,在概率较大的 13 个停电事故状态中,12 个故障状态中包含线路 2、线路 7 同时故障。线路 2 与线路 7 为系统主要的传输线路,从系统拓扑分析可知,Bus2 为系统重要的发电机节点,为系统主要电力来源,然而线路传输容量却有限。与此同时,从线路可靠性参数可知,线路 2 与线路 7 故障率较高,易发生故障,进而引发进一步停电事故。

同样的,采用 RTS79 系统测试算法的有效性。该系统包含母线 24 个,输电线路 38 条。最大容量为 3405MW,最大负荷为 2850MW。仅考虑线路故障时,采用本章所提的遗传算法得到该系统概率较大的几条停电事故路径,如表 4-6 所示。

表 4-6　RTS79 系统模拟结果

初始状态	状态概率	失负荷量/MW	故障线路	风险值
7 故障	6.5254×10^{-4}	841.97	7,21,23	5.49×10^{-1}
7 故障	4.2676×10^{-4}	906.63	7,23,29	3.87×10^{-1}
7 故障	4.1421×10^{-4}	913.05	7,24,28	3.78×10^{-1}
14 故障	3.0637×10^{-6}	976.52	7,14,15,16,17	2.99×10^{-3}
22 故障	6.5254×10^{-4}	1029.61	21,22,23	6.72×10^{-1}
23 故障	3.0637×10^{-6}	1010.36	7,14,23,29	3.10×10^{-3}
24 故障	3.0637×10^{-6}	992.65	7,17,24,28	3.04×10^{-3}
25 故障	5.1458×10^{-4}	1039.53	25,26,28	5.35×10^{-1}
27 故障	6.1492×10^{-4}	872.37	22,23,27	5.36×10^{-1}
27 故障	4.2676×10^{-4}	906.63	23,27,29	3.87×10^{-1}
27 故障	4.1421×10^{-4}	913.05	24,27,28	3.78×10^{-1}
29 故障	1.7504×10^{-3}	924.01	7,23,29	1.62
完好状态	1.2690×10^{-9}	1109.87	7,17,24,28	1.41×10^{-6}

在本例中,当线路 29 故障时,系统易发生停电事故,停电事故概率为 1.7504×10^{-3},故障造成系统损失负荷 924.01MW;其次,当线路 7 故障时,系统发生停电事故的概率为 6.5254×10^{-4},故障造成系统损失负荷 841.97MW。从不同初始状态下得到的停电事故结果可知,该系统的薄弱环节为线路 7,最易发生故障,并易引发停电事故;与此同时,该系统中线路 23 与线路 29,线路 24 与线路 28 关系紧密,往往相继故障退出。

本例计算所用处理器为 Intel Core i5-3210,4GB 内存,采用 MATLAB R2009a 计算。对于 RBTS 系统,计算种群规模为 20,遗传代数为 10 代时,平均用时 0.273s;对于 RTS79 系统,计算种群规模为 100,遗传代数为 20 代时,平均计算仅需 1.989s。

4.2.4　基于模式搜索的运行风险评估技术

基于模式搜索方法计算停电事故风险值的基本思路是：当电力系统中有元件因故障退出运行时，会发生潮流转移，引起潮流重新分配。在考虑系统状态信息和设备在线运行状态信息后，若电网剩余支路不能承受转移的潮流或因潮流转移触发的保护隐性故障（本节只考虑保护误动），就会导致新一轮的支路开断、潮流转移[73]。

本节停电事故风险值计算为四步：初始故障集选取、下级支路关联性指标计算、关联性指标聚类、结束判断。

（1）初始故障支路选取原则为：不遗漏严重故障，尽量去除不严重的故障。本节定义支路的初始风险值由支路故障率、体现支路运行情况的初始负载率与支路初始潮流在系统初始潮流中所占比例、支路开断后其他支路的潮流变化量表示的重要性构成。其中，支路故障率 $P_{Li,0}$ 受支路运行年限、自然环境等因素影响，为简单起见，本节对影响输电线故障率的地理气象因素均简化考虑，认为电网处于同一地理、气象环境，则故障概率 $P_{Li,0}$ 与支路的长度成正比，本节将所有支路长度归一化的值作为支路的故障概率：

$$P_{Li,0} = \frac{L_{Li}}{\sum\limits_{j \in \Omega} L_{Lj}} \tag{4-47}$$

其中，L_{Li} 为支路 Li 的长度；Ω 为电网所有支路集合。

初始负载率为

$$D_{Li,0} = \frac{F_{Li,0}}{F_{Li,\max}} \tag{4-48}$$

其中，$F_{Li,0}$ 和 $F_{Li,\max}$ 分别是支路 Li 的初始潮流值和热稳极限值。

支路运行可靠性模型表明负载率较小时，潮流对支路停运率影响较小，当支路重载时，潮流越大停运率越高，故用负载率表示支路实际运行情况。

支路初始潮流在系统初始潮流中所占比例为

$$W_{Li,0} = \frac{F_{Li,0}}{\sum\limits_{L_i \in \Omega} F_{Li,0}} \tag{4-49}$$

该指标值越大表示支路输送的功率占全网的比例越大，相对来说重要性越高。

支路开断引起其他支路潮流变化指标为

$$E_{Li,0} = \sum\limits_{Lj \in \Omega, j \neq i} \frac{\Delta F_{Lj}}{F_{Lj,0}} \tag{4-50}$$

其中，ΔF_{Lj} 为支路 Lj 的潮流变化量；$F_{Lj,0}$ 为支路 Lj 的初始潮流。该指标值越大说明支路开断引起的电网潮流转移量越大，其开断对电网影响越大。

支路初始风险值为

$$R_{Li,0} = P_{Li,0} \times D_{Li,0} \times W_{Li,0} \times E_{Li,0} \tag{4-51}$$

根据支路初始风险值，设定合理阈值，选取风险值较高的支路形成初始故障集。

（2）从停电事故可以看出停电事故的特点具有明显前后关联性。支路过载与保护隐性故障、支路故障是停电事故的主要推动力，可以用来表示停电事故发展过程中的关联性。支路严重过载时，输电线过热导致电线机械强度下降、拉伸下垂现象，造成闪络接地故障或相间短路故障；达到一定阈值还会触发后备保护，切除支路。鉴于支路过载的严重影响，可将下级支路预测分成两种情况：若当前系统中有支路严重过载（当支路功率达到极限功率的 1.4 倍以上时，支路停运率将趋近于 1，因此本节设支路潮流超过 1.4 倍极限值时为严重过载），则将此支路定为下级开断支路，若有 K 条支路同时严重过载，则执行 N-K 开断；若没有严重过载的支路，保护隐性故障、支路故障成为推动停电事故发展的主要因素。此时计算关联性指标，对关联性指标模糊聚类，根据指标聚类结果确定下级开断支路。

（3）关联性指标主要由三部分构成：支路负载率指标、与上级开断支路耦合指标、潮流波动指标（在计算过程中设上级开断支路为 Li，待预测的下级支路为 Lk，预测阶段为 j）。

①支路负载率指标：支路重载时，负载率越大，停运率越高，支路长时间重载是支路停运的重要原因。停电事故发展过程中轻载支路可能因潮流转移导致重载停运。本节用第 $j-1$ 级负载率与第 j 级负载率之和表示支路的长期负载情况：

$$D_{Lk} = \frac{F_{Lk,j} + F_{Lk,j-1}}{F_{Lk,\max}} \tag{4-52}$$

其中，$F_{Lk,j}$ 为停电事故第 j 阶段 Lk 支路的潮流；$F_{Lk,\max}$ 指支路 Lk 的热稳极限潮流。

②耦合指标：支路 Lk 的潮流变化量与 Li 支路原有潮流的比值，该指标越大表明 $j-1$ 级支路的退出对 j 级支路影响越大，即

$$S_{Lk} = \left| \frac{F_{Lk,j} - F_{Lk,j-1}}{F_{Li,j-1}} \right| \tag{4-53}$$

其中，$F_{Lk,j-1}$ 和 $F_{Li,j-1}$ 分别为为第 $j-1$ 阶段支路 Lk 的潮流和支路 Li 的潮流。

③潮流波动指标：功率较大波动是导致隐性故障的重要原因。用 $j-1$ 级支路退出前后，支路 Lk 上潮流相对变化率表示为

$$B_{Lk} = \left| \frac{F_{Lk,j} - F_{Lk,j-1}}{F_{Lk,j-1}} \right| \tag{4-54}$$

该指标值越大说明发生隐性故障的可能性越大。

下级支路关联性指标为

$$\text{Cor}_{Lk} = D_{Lk} \times S_{Lk} \times B_{Lk} \tag{4-55}$$

其中，D_{Lk} 为支路负载率指标；S_{Lk} 为耦合指标；B_{Lk} 为潮流波动指标。

相继故障与停电事故的区别在于停电事故具有明显前后因果关联性，若只有时间上的前后关系，一般称为相继故障。因此，可在每轮计算关联性指标值之后进行分类，选择关联性最高的一类支路作为下级开断环节，其余的支路认为其关联性较低，属于独立相继故障，不在本节研究的范畴之内。

（4）判断一次停电事故是否结束分为三个方面。

①如果多次开断导致系统失去暂态稳定，停止预测。

②当损失超过 30% 负荷时停止预测。

③如果多次开断系统没有失稳，根据经验设定一个最大预测深度 d，当预测深度大于 d 且没有大量损失负荷时停止预测。

综上所述，形成流程图如图 4-14 所示。

动态故障树（Dynamic Fault Tree,DFT）理论是基于传统的静态故障树理论，并结合 Markov 理论建立的用来分析复杂动态系统可靠性的方法[74]。直观上，动态故障树至少包含一种动态逻辑门，如优先与门、顺序相关门等。本质上，动态故障树把静态故障树分析扩大到动态系统，能表示系统的顺序相关性、可修复性等特性。

动态故障树的常用计算处理方法有：基于马尔可夫状态转移过程算法、基于贝叶斯网络算法、基于梯形公式的近似算法[75,76]。这些方法的思路都是将动态故障树转换为已有的数学模型，从而分析计算。停电事故的发展特点与马尔可夫过程的特点相符合，可以用马尔可夫法计算动态子树的概率和风险。

（1）概率计算。

假设事故链由 $\{S_1,S_2,\cdots,S_m\}$ 构成，事故链的概率为

$$\begin{aligned} P_G =& P(S_1=s_1)P(S_2=s_2 \mid S_1=s_1)\cdots \\ & P(S_m=s_m \mid S_1=s_1,S_2=s_2\cdots S_{m-1}=s_{m-1}) \end{aligned} \tag{4-56}$$

由马尔可夫过程的无后效性推导可得

$$\begin{aligned} P_G =& P(S_1=s_1)P(S_2=s_2 \mid S_1=s_1)\cdots \\ & P(S_m=s_m \mid S_{m-1}=s_{m-1}) \end{aligned} \tag{4-57}$$

事故链概率计算简化为马尔可夫过程状态转移概率的计算。在预测时根据有

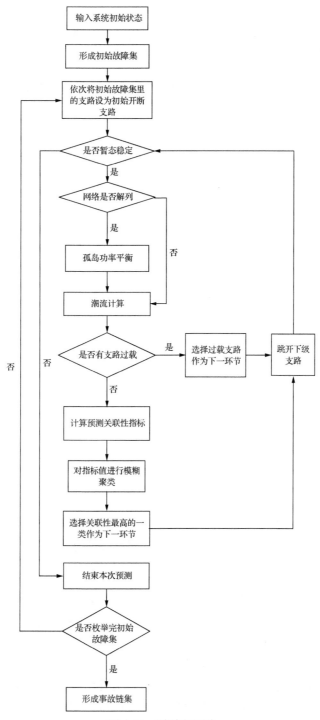

图 4-14　预测流程图

无支路严重过载将预测分为两种情况,计算状态转移概率时也按这两种情况计算。

①若是因为支路严重过载导致的状态转移,其转移概率为过负荷保护不拒动且断路器不拒动的概率:

$$P_{j-1,j} = (1 - P_{\text{in\_r}}) \times (1 - P_{\text{in\_c}}) \tag{4-58}$$

其中,$P_{\text{in\_r}}$ 为保护拒动概率;$P_{\text{in\_c}}$ 为断路器拒动概率。

②当无支路严重过载时,状态转移概率为

$$P_{j-1,j} = P_1 + P_2 + P_3 \tag{4-59}$$

其中,P_1 为潮流转移引起的状态转移概率,即

$$P_1 = \frac{\text{Cor}_{Lk}}{\sum\limits_{j \neq k, j \in \Omega} \text{Cor}_{Lj}} \tag{4-60}$$

P_2 为非功率波动导致的保护误动和断路器不正确动作导致支路开断引起的状态转移概率,主要有以下情况:保护误动时断路器正常动作,或者断路器误动,即

$$P_2 = P_{\text{mis\_r}} \times (1 - P_{\text{in\_c}}) + P_{\text{mis\_c}} \tag{4-61}$$

其中,$P_{\text{mis\_r}}$ 和 $P_{\text{mis\_c}}$ 分别为保护误动概率和断路器误动概率。

P_3 为因元件老化、操作失误、天气等因素导致的系统硬件失效引起的状态转移概率,其值一般进行常数处理。

事故链概率为

$$P_G = P_{Li,0} \times P_{0,1} \times P_{1,2} \times \cdots \times P_{j-1,j} \tag{4-62}$$

即为动态子树概率的计算公式。

(2) 后果及风险。

本节将事故链后果 S_i 定义为失负荷量。失负荷的原因主要是两点:支路开断导致负荷母线孤立;潮流无解时采取切机切负荷措施,找到新的运行点。

本节定义停电事故链的风险为事故链概率与后果的乘积,即

$$R_G = S_i \times P_G \tag{4-63}$$

利用停电事故链的风险可以进行电网支路的重要度评估,其意义在于发现对于停电事故有重大影响的环节,给电网的升级改造、实时监控提供一定的指导。支路在不同的故障发展模式中的重要度不同,对支路的重要度评估要综合评价其在各种发展模式中的影响。

故障树中常用的重要度有概率重要度与结构重要度。对于动态故障树,概率重要度计算量过于庞大,而结构重要度忽略不同环节的区别,使得分析结果不够精确。为克服以上缺陷,本节基于动态故障树模块化理论,将支路的重要度评估分成

两步:先求出底事件对其所在动态子树的重要 $I_{\text{module}}(L_i)$,再将动态子树作为新的底事件,此时,故障树简化为模块动态故障树,再求出每个子树相对于系统的重要度 $I_{\text{M\_S}}(k)$。将两者合成,则每个底事件的重要度为

$$I(L_i) = \sum_{k \in \Theta} I_{\text{M\_S}}(k) \times I_{\text{module}}(L_i) \tag{4-64}$$

其中,Θ 表示包含 L_i 的事故链的集合。

$I_{\text{module}}(L_i)$ 的计算:提出了一种动态故障树重要度的近似估计方法,即

$$I \approx \left(\frac{Q_i}{q_i} - \frac{N_i}{1 - q_i} \right) \tag{4-65}$$

其中,Q_i 为底事件发生时,系统故障概率;N_i 为底事件不发生时,系统故障概率;q_i 为底事件发生的概率。

事故链中,若底事件不发生则不会发生停电事故,所以 $N_i = 0$。支路 L_i 在不同的事故链中的重要度不同,设 L_i 是事故链中第 k 个事件,事故链长度为 t:

$$\begin{aligned} I_{\text{module}}(L_i) &= \frac{Q_i}{q_i} = \frac{P_{Li,0} \times \cdots \times P_{t-1,t}}{P_{Li,0} \times \cdots \times P_{k-1,k}} \\ &= P_{k,k+1} \times P_{k+1,k+2} \times \cdots \times P_{t-1,t} \end{aligned} \tag{4-66}$$

计算 $I_{\text{M\_S}}(k)$ 时,考虑事故链的风险因素:

$$I_{\text{M\_S}}(k) = \frac{1/N_{C_k}}{\sum\limits_{C_k \in \Delta} (1/N_{C_k})} \times \frac{R_{C_k}}{\sum\limits_{C_k \in \Delta} R_{C_k}} \tag{4-67}$$

其中,Δ 为事故链集合;R_{C_k} 为第 k 条事故链风险;N_{C_k} 为第 k 条事故链环节数。式中用事故链的环节数和风险值表示事故链在集合中的重要度,环节数越少,风险越大的事故链重要度越大。

(3) IEEE 39 节点算例。

以 IEEE 39 节点系统为例说明所提算法。仿真中断路器误动概率 $P_{\text{mis\_c}} = 0.0001$,断路器拒动概率 $P_{\text{in\_c}} = 0.0005$,保护拒动概率 $P_{\text{in\_r}} = 0.0013$,受系统状态信息和设备在线运行状态的影响导致的故障概率 $P_3 = 0.0002$。

①初始故障集的形成。

初始故障支路选取依据为将初始风险值从高到低排序,按设定的阈值进行筛选,得到的支路初始故障集如表 4-7 所示。

表 4-7　支路初始故障集

排序	支路号	概率值	初始风险值/10^{-3}
1	22	0.032	45.012
2	27	0.023	22.540
3	3	0.025	19.267
4	29	0.058	12.93
5	20	0.016	7.577
6	31	0.024	6.219
7	23	0.022	4.989
8	17	0.007	4.740
9	4	0.018	4.261
10	8	0.021	3.487
11	18	0.017	2.312
12	33	0.104	2.274
13	12	0.014	2.230
14	34	0.025	2.200
15	11	0.015	2.004
16	16	0.007	1.357

②支路开断预测。

预测时,WFCM 算法聚类数 c 及加权指数 m 的确定:理论上聚类数目在 $2\sim 2\ln n$ 内都可以在 IEEE 39 节点中有 34 条支路,在预测时,n 的数目持续减少,但基本上聚类数目的范围都在 $2\sim 6$,为了突出聚类效果,本节取聚类数目为 5;加权指数 m 影响着算法的收敛性和准确性,一般取 2 比较合适。

以支路 31 为初始开断支路为例说明:支路 31 开断后无严重过载支路,计算剩余支路的关联性指标值。WFCM 算法处理后支路 4、支路 26 为关联性相对最高的支路。继续预测支路 26 开断后只有一种发展模式,支路 4 开断后停电事故有三种发展模式,如表 4-8 所示。

表 4-8　支路 4 开断后预测路径表

编号	路径					
1	L_{31}	L_4	L_3	L_1	—	—
2	L_{31}	L_4	L_7	L_8	L_6	L_3
3	L_{31}	L_4	L_7	L_{18}	L_1	—
4	L_{31}	L_{26}	L_{25}	L_6	L_5	L_1

假设预测深度为5,枚举本节的初始故障集最多会得到4096条事故链,显然工作量太大。按本节的做法,对初始故障集里所有支路进行预测分析后共得到46条事故链(其中,L_{11}-L_9-(L_8,L_{17},L_{18})事故链存在一个环节有多条支路同时严重过载的情况)。与之相比,若每次只选取关联性最高的支路,则只有16条事故链,但这会导致很多严重的发展模式预测不到。以支路31为初始故障为例:若每轮预测只选关联性最高的支路,则预测结果只有4号事故链,其余的3条事故链则会被忽略。综上所述,可以看出本节提出的对待预测线路进行分类的方法可以有效降低故障序列搜索空间、提升搜索速度,同时能预测到相对更多的停电事故发展模式。

③事故链风险计算及支路重要程度的应用评估。

计算每条事故链的概率及风险,4条事故链的风险值如表4-9所示。从中可以看出虽然4号事故链为每次预测选取关联性最高的支路的事故链,但其风险反而较低,这是由于事故链环节数与事故链后果的不同造成的,也从另一方面说明预测时每次只选关联性最高支路方法的局限性。

表4-9　部分事故链的风险值

编号	概率/10^{-5}	损失负荷/MW	风险/10^{-5}
1	3.448	767.5	26.461
2	0.655	1605.7	10.524
3	3.953	1911.3	75.547
4	0.070	884.5	0.619

用所提方法对IEEE 39节点停电事故动态故障树的底事件(即系统的支路)进行重要度评估。为了便于说明,将本节风险重要度与多种方法的结果进行比较,如表4-10所示。

表4-10　重要度评估结果排序

编号	本节方法	方法1	方法2	方法3
1	13-14	13-14	16-19	4-5
2	4-6	5-6	2-3	14-15
3	2-25	6-7	8-9	3-18
4	6-7	26-29	27-28	2-25
5	16-17	2-25	13-14	22-23
6	9-39	17-27	6-16	10-11
7	16-21	28-29	1-2	10-13
8	8-9	4-5	6-7	25-26
9	17-27	23-24	5-6	4-14
10	25-26	16-17	15-16	17-27

方法 1 为提出的重要度算法应用到本节的事故链集中的结果；方法 2 为考虑风险因素的重要度评估结果；方法 3 为基于本节事故链集中静态故障树结构重要度评估方法得到的结果。本节方法与方法 1、方法 3 都是基于本节的事故链集，方法 1 与方法 2 评估方法一样，事故链集不一样。

从对比中可以看出：a. 本节方法结果与方法 1 结果相似性较高，尤其是重要度排在前 5 名的支路，这两种方法都是基于本节的事故链集合，都考虑了风险因素，不过本节方法还考虑了事件在事故链中的重要度，更加全面；b. 方法 1 与方法 2 虽然重要度计算方法相同，但由于事故链集不同，导致评估结果差别很大，以上两点均说明事故链集对评估结果有较大的影响，而本节在预测事故链时充分考虑到实际情况中支路开断的不确定性，将关联性指标较高的支路均列为下级环节，事故链集合更完备；c. 方法 3 结构重要度的结果与其他方法结果差别都较大，这是因为结构重要度只计及了支路在事故链中出现的频次，而其他方法，如本节的风险重要度除了支路出现的频次因素，还考虑到事故链的风险和支路在事故链中的重要度，评估结果包含更多的信息。

④评估结果分析。

本节中 IEEE 39 节点停电事故链转移环节中，绝大部分下级开断支路发生在距离上级支路电气距离为 3 以内的支路。发电机的出线（如 L_{16}、L_{17}）、重负荷的供电线（如 L_5、L_7、L_8）和输电断面（如 L_{18}、L_7、L_{15}）的支路关联性较强，其中一条支路开断容易引起其他支路连续开断。

从支路重要度评估结果可以看出重负荷就近平衡、避免功率长距离传送是防控停电事故的一个有效手段，如 IEEE 39 节点系统中负荷最大节点是 39 节点（1104MW），但因为 39 节点上有 10 号发电机，需远距离传输的功率很小，与 39 节点相连的支路 2 的重要度相对较低；相反，节点 8 上的负荷（522MW）虽然比 39 节点上的负荷小，但由于需要长距离传输，所以导致与节点 8 相连的支路 14 重要度较高。

（4）安徽电网实际算例。

采用安徽电网系统进行仿真验算。仿真中断路器误动概率 $P_{mis\_c}=0.0001$，断路器拒动概率 $P_{in\_c}=0.0005$，保护拒动概率 $P_{in\_r}=0.0013$，受系统状态信息和设备在线运行状态的影响导致的故障概率 $P_s=0.0002$。

①初始故障集的形成。

初始故障支路选取依据为将初始概率值从高到低排序，按设定的阈值进行筛选，共筛选出 88 条初始故障支路，部分排名靠前的初始故障如表 4-11 所示。

表 4-11　部分支路初始故障

排序	支路号	初始故障概率/[次/(百公里·年)]
1	213	0.0142
2	214	0.0142
3	215	0.0142
4	219	0.0076
5	220	0.0076
6	217	0.0071
7	218	0.0071
8	233	0.0066
9	234	0.0066
10	225	0.0065
11	226	0.0065
12	236	0.0056
13	237	0.0056
14	229	0.0050
15	230	0.0050
16	25	0.0049
17	10	0.0044
18	11	0.0044

②事故路径预测。

预测事故路径时,选择最大关联性指标值的支路作为下级支路,通过以下三个判据结束事故链预测:暂态失稳;失负荷量超过 20%;预测深度超过设定值(设为 7)。基于所选的初始故障支路,共预测得到 88 条事故链。部分事故链结果如表 4-12 所示。

表 4-12　部分事故链结果

序号	事故链	结束判据
1	219-220-245-246-308-167-168	
2	225-216-226-255-256-274-275	
3	235-243-242-240-241-236-237	达到设定的预测深度
4	238-239-243-242-235-240-241	
5	266-267-255-256-308-274-275	
6	268-269-274-275-255-256-296	

序号	事故链	结束判据
7	213-214	
8	217-218	
9	221-222-223-224	暂态失稳
10	229-230-235-243	
11	233-234-235-243	
12	236-237-243-235-229-230	

可以看出,绝大部分下级开断支路与其上级支路的电气距离在 3 以内,说明与开断支路电气距离较小的支路,容易受到开断支路的影响而发生开断,在停电事故的防控中尤其需要注意这些支路。

③事故链风险计算。

在预测的事故链中选取部分事故链,计算这些事故链的概率及风险,如表 4-13 所示。

表 4-13　部分事故链的风险值

序号	事故链	概率/10^{-4}	损失负荷后果/MW	风险/10^{-4}
1	219-220-245-246-308-167-168	0.0096	1335	0.13
2	225-216-226-255-256-274-275	0.0906	3265	2.96
3	235-243-242-240-241-236-237	0.0055	730	0.04
4	238-239-243-242-235-240-241	0.0055	1280	0.07
5	266-267-255-256-308-274-275	0.0156	3389	0.53
6	268-269-274-275-255-256-296	0.0028	2714	0.08
7	207-208-201-202-308-309-310	0.339	262	0.89

从表 4-13 可以看出,2 号事故链相对 7 号事故链的发生概率较小,但其风险反而较大,这是由于事故链后果的不同造成的。

计算得到的电网运行风险评估结果可以用于对支路重要程度进行排序,排序靠前的部分支路及其重要度如表 4-14 所示。

表 4-14　支路重要度评估

排序	支路号	支路重要度/10^{-5}
1	308	6.486260
2	265	5.951038
3	261	4.842896

排序	支路号	支路重要度/10^{-5}
4	262	4.842896
5	303	3.540015
6	304	3.540015
6	259	0.738950
7	260	0.738950
8	302	0.554649
9	300	0.178747
10	309	0.139000
11	310	0.139000
12	240	0.124639
13	241	0.124639
14	317	0.109177
15	318	0.109177
16	274	0.006416
17	275	0.006416
18	235	0.005139
19	242	0.001189
20	243	0.000530
21	255	0.000510
22	256	0.000510
23	296	0.000233
24	297	0.000233
25	245	0.000163
26	246	0.000163
27	253	0.000132
28	254	0.000132
29	238	0.000086
30	239	0.000086
31	236	0.000049
32	237	0.000049

从表 4-14 可以看出,区域联络线具有较高的支路重要度,如支路 308、309、310、317、318 等。

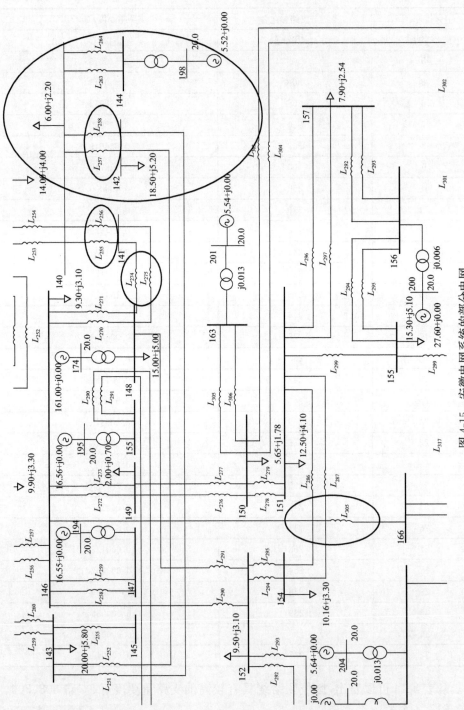

图 4-15 安徽电网系统的部分电网

从图 4-15 可以看出 198 号母线所连发电机的发电量不足以供应靠近该发电机的 140、142 号母线所连的负荷，因此需要通过较远的发电机进行长距离传输，174 号母线所连发电机通过支路 255、256、274、275 向该区域传输功率，从而导致支路 255、256、274、275 具有较大的支路重要度。而 146 号母线所连的负荷（930MW）相比离之最近的 174 号母线所连发电机的发电量（16100MW）要小得多，因此它们之间的支路 270、271 具有较小的支路重要度。

4.3　小　　结

电网停电事故的发生发展受电网内部、外部因素共同影响，且具有一定的发展模式。本章分析电力系统在不同的系统状态之下，包括元件的老化状态、电力系统所处气候条件状态、电力系统运行状态，由于不同的电力系统行为，造成的元件故障以及由此对电力系统停电事故发展的影响。对大电网停电数据进行分析，研究影响电网风险的主要因素，提出评估电网运行风险的相关指标。在此基础之上，提出基于系统状态信息和设备在线运行状态信息的电网运行风险评估技术，采用遗传算法和基于马尔可夫过程的风险评估方法，对电网进行风险评估。在电力系统运行阶段，为了对停电事故进行有效的阻断，需要确知电网所处环境和系统状态实时信息，根据天气预测信息、负荷预测信息等，结合停电事故风险评估模型，发现潜在的故障元件，并采取紧急控制策略。在电力系统规划阶段，为了预防停电事故发生，可结合电网元件历史故障统计数据，综合分析电网运行环境、电力系统行为和电力系统状态对电网停电事故发展的影响，采用量化的指定评估电网停电事故风险，发现电网薄弱环节，并提出针对电网薄弱环节的改进措施，以便提高电网可靠性水平。同时，需要结合停电事故序列中元件故障的顺序，量化元件故障间的相关性大小，包括当前故障后可能的后续故障事件类型、故障概率和故障后果，判断停电事故发展路径，制定相应的事故预案和电网控制策略，以便对停电事故进行阻断。

通过上述研究可知，在电力系统运行阶段，为了对停电事故进行有效的阻断，需要确知电网所处环境和系统状态实时信息，根据天气预测信息、负荷预测信息等，结合停电事故风险评估模型，发现潜在的故障元件，并采取紧急控制策略。

第 5 章 结 论

首先,本书分别研究设备自身状况、外部环境和系统运行条件对停运概率的作用,评估各类因素对停运概率的影响。然后研究综合多因素模型的建立方法,融合上述三种因素的电力设备故障概率模型由四部分构成:历史统计数据、设备在线监测数据、环境影响模型和运行条件停运模型。其中环境影响模型和运行条件停运概率模型分两步来完成,一方面从已有数据中分类统计受到环境和系统运行条件影响的停运情况,另一方面针对数据不足的情况利用专家系统进行多输入的模糊建模,然后将两方面的模型融合在一起。最后考虑历史统计数据和设备在线监测数据的影响,通过证据理论建立设备的综合停运概率模型。

在此基础上,本书基于电力设备隐性概率故障方法研究电网安全薄弱环节定位方法和预警技术,基于系统状态信息和设备在线运行状态信息提出衡量电网运行风险的指标电网运行风险评估方法。主要研究成果如下。

(1) 研究了设备健康状况、外部环境和系统运行条件三种单一因素对于设备停运概率的影响。例如,根据变压器的结构组成和故障机理将其划分为内部系统与外部部件,基于在线监测信息建立了综合评估变压器内部系统失效模型以及天气相依的变压器外部部件的失效模型,实现更全面、准确的评估。建立了恶劣气候条件下雷击、大风、冰力载荷与输电线路停运率之间的概率关系,并加入系统运行条件构建了线路停运率模糊推理系统。基于证据理论建立融合设备自身健康状况、外部环境和系统运行条件的设备停运模型。该模型考虑了天气状况、环境温度、风速、风向、日照热量、负荷水平、服役时间等运行条件对元件停运概率的影响。

(2) 研究了电力系统隐性故障的动作机理及其对电力设备故障概率的影响,并建立了隐性故障概率模型,综合考虑外部环境和系统运行条件以及设备的自身情况,运用层次分析法建立了识别电网中的薄弱环节的方法,基于电力设备隐性故障进行电网风险评估并提出了停电事故风险分级和预警方法。在电力系统规划阶段,采用量化的指标评估电网连锁故障风险,能够发现电网薄弱环节并提出改进措施。本书提出的风险分级方法和预警技术针对数据样本进行了相对值法处理,以排除电网规模变化带来的影响,随着今后数据资料的不断积累,预测结果将更加可靠。

(3) 研究电力系统在不同的系统状态之下,如元件老化状态、所处气候条件状态、电力系统运行状态下,元件故障的后果以及对电力系统停电事故发展的影响。

提出评估电网运行风险的相关指标,基于遗传算法和模式搜索的风险评估方法。在电力系统运行阶段,结合风险评估模型判断发展路径,能够发现潜在的故障元件并采取紧急控制策略。

参 考 文 献

[1] 吴旭,张建华,吴林伟,等. 输电系统连锁故障的运行风险评估算法[J]. 中国电机工程学报,2012,32 (34):74-82.

[2] 鲁宗相. 电网复杂性及大停电事故的可靠性研究[J]. 电力系统自动化,2005,29(12):93-97.

[3] 郭剑波,于群,贺庆. 电力系统复杂性理论初探[M]. 北京:科学出版社,2012.

[4] 宋毅,王成山. 一种电力系统连锁故障的概率风险评估方法[J]. 中国电机工程学报,2009(04):27-33.

[5] 何剑,程林,孙元章,等. 条件相依的输变电设备短期可靠性模型[J]. 中国电机工程学报,2009,29(07):39-46.

[6] 王博,游大海,尹项根,等. 基于多因素分析的复杂电力系统安全风险评估体系[J]. 电网技术,2011,(01):40-45.

[7] 代贤忠,沈沉,陈颖,等. 自律分散的多维度电网薄弱环节跟踪及分析系统设计与实现[J]. 电力系统自动化,2015,(04):82-88.

[8] 李玲玲,段超颖,李志刚. 多种不确定性并存情形下的非常规可靠性度量方法[J]. 电工技术学报,2015,30(08):19-26.

[9] 暴英凯,王越,唐俊熙,等. 序贯蒙特卡洛方法在电力系统可靠性评估中的应用差异分析[J]. 电网技术,2014,38(05):1189-1195.

[10] 黄海煜,于文娟. 考虑风电出力概率分布的电力系统可靠性评估[J]. 电网技术,2013,(09):2585-2591.

[11] 栗文义,张保会,巴根. 风/柴/储能系统发电容量充裕度评估[J]. 中国电机工程学报,2006,26(16):62-67.

[12] 陈凡,卫志农,黄正,等. 考虑风电并网的发电充裕度评估方法的比较[J]. 电力自动化设备,2014,34 (06):30-35.

[13] 王建学,张耀,吴思,等. 大规模冰灾对输电系统可靠性的影响分析[J]. 中国电机工程学报,2011,31 (28):49-56.

[14] 万军平. 基于元件强迫停运率的互联系统可靠性指标灵敏度分析[J]. 电力系统保护与控制,2009,37 (21):15-20.

[15] 丁明,李生虎,黄凯. 基于蒙特卡罗模拟的概率潮流计算[J]. 电网技术,2001,(11):10-14.

[16] 梁惠施,程林,刘思革. 基于蒙特卡罗模拟的含微网配电网可靠性评估[J]. 电网技术,2011,35(10):76-81.

[17] 颜伟,吕志盛,李佐君,等. 输电网的蒙特卡罗模拟与线损概率评估[J]. 中国电机工程学报,2007,27 (34):39-45.

[18] 李宏男,胡大柱,黄连状. 地震作用下输电塔体系塑性极限状态分析[J]. 中国电机工程学报,2006,26 (24):192-199.

[19] 丁明,李生虎,吴红斌,等. 基于充分性和安全性的电力系统运行状态分析和量化评价[J]. 中国电机工程学报,2004,24(04):43-49.

[20] 李斌,靳方超,李仲青,等. 电压回路中性线断线的隐性故障识别及其影响[J]. 中国电机工程学报,2013,33(13):179-186.

[21] 陈为化,江全元,曹一家. 考虑继电保护隐性故障的电力系统连锁故障风险评估[J]. 电网技术,2006,30(13):14-19.

[22] 龚媛,梅生伟,张雪敏,等. 考虑电力系统规划的 OPA 模型及自组织临界特性分析[J]. 电网技术,

2014,38(08)：2021-2028.

［23］王韶,祝金锋,董光德,等. 基于输电网扩展规划的 OPA 模型［J］. 电力系统自动化,2011,35(20)：7-12.

［24］Nedic D P,Dobson I,Kirschend S,et al. Criticality in cascading failure blackout model. Proceedings of the Power System Computation ,Conference,Liege,Belgium,August,2005.

［25］杨成月. 基于物联网与空间信息技术的电网应急指挥系统［J］. 电网技术,2013,37(06)：1632-1638.

［26］荆孟春,王继业,程志华,等. 电力物联网传感器信息模型研究与应用［J］. 电网技术,2014,38(02)：532-537.

［27］张秀玲,谭光忠,张少宇,等. 采用模糊推理最优梯度法的风力发电系统最大功率点跟踪研究［J］. 中国电机工程学报,2011,(02)：119-123.

［28］陈为化,江全元,曹一家. 基于风险理论和模糊推理的电压脆弱性评估［J］. 中国电机工程学报,2005,25(24)：20-25.

［29］杨明玉,田浩,姚万业. 基于继电保护隐性故障的电力系统连锁故障分析［J］. 电力系统保护与控制,2010,38(9)：1-5.

［30］张晶晶. 保护系统的隐性故障相关问题研究［D］. 合肥：合肥工业大学,2012.

［31］Bae K,Thorp J S. An importance sampling application：179 bus WSCC system under voltage based hidden failures and relay misoperations［C］. System Science,1998,Proceedings of the Thirty-First Hawaii International Conference on,1998,3：39-46.

［32］Yu X B,Singh C. A practical approach for integrated power system vulnerability analysis with protection failures［C］. Power Systems,IEEE Trasactions on,2004,19(4)：1811-1820.

［33］田浩. 基于继电保护隐性故障的电力系统可靠性分析［D］. 北京：华北电力大学,2009.

［34］宋嘉婧. 恶劣灾害下的架空输电线路事变停运模型［D］. 杭州：浙江大学,2013.

［35］韩卫恒,刘俊勇,张建明,等. 冰冻灾害下计及地形及冰厚影响的分时段电网可靠性分析［J］. 电力系统保护与控制,2010,38(15)：81-86.

［36］IEC Technical Committee 11：Overhead Lines. IEC60826 Design criteria of overhead transmission lines ［S］. Geneva,Switzerland：IEC,2003.

［37］孙荣富,程林,孙元章. 基于恶劣气候条件的停运率建模及电网充裕度评估［J］. 电力系统自动化,2009,33(13)：7-13.

［38］Li W. Risk Assessment of Power Systems：Models,Methods,and Applications［M］. USA and Canada：IEEE Press John Wiley & Sons,Inc. ,2005.

［39］郭永基. 电力系统可靠性分析［M］. 北京：清华大学出版社,2003.

［40］李文沅. 电力系统风险评估：模型、方法和应用［M］. 北京：科学出版社,2006.

［41］IEEE Task Force on the Effects of High Temperature Operation of Transmission Lines. IEEE Std 1283TM-2004. IEEE guide for determining the effects of high-temperature operation on conductors,connectors,and accessories.

［42］Morgan V T. Effect of elevated temperature operation on the tensile strength of overhead conductor［J］. IEEE Transactions on Power Dilivery,1996,11(1)：345-352.

［43］周孝信. 中国电力百科全书 输电与配电卷. 2 版. 北京：中国电力出版社,2001：294-312.

［44］Adomah K,Mizuno Y,Naito K. Probabilistic assessment of the reduction in tensile strength of an overhead transmission line's conductor with reference to climatic data［J］. IEEE Transactions on Power Delivery,2000,15(4)：1221-1224.

[45] Nelson W. Accelerated Testing: Statistical Models, Tset Plans, and Data Analysis[M]. New York: John Wiley and Sons, 1990.

[46] Albert R, Albert I, Nakarado G L. Structure vulnerability of the North American power grid[J]. Physics Review E, 2004, 69(2): 292-313.

[47] 于群, 郭剑波. 我国电力系统停电事故自组织临界性的研究[J]. 电网技术, 2006, 30(6): 1-5.

[48] 梁才, 刘文颖, 温志伟, 等. 电网组织结构对其自组织临界性的影响[J]. 电力系统保护与控制, 2010, 38(20): 6-11.

[49] 陈晓刚, 孙可, 曹一家. 基于复杂网络理论的大电网结构脆弱性分析[J]. 电工技术学报, 2007, 22(10): 138-144.

[50] 曹一家, 陈晓刚, 孙可. 基于复杂网络理论的大型电力系统脆弱线路辨识[J]. 电力自动化设备, 2006, 26(12): 1-5.

[51] 徐林, 王秀丽, 王锡凡. 电气介数及其在电力系统关键线路之别中的应用[J]. 中国电机工程学报, 2010, 30(1): 33-39.

[52] 李勇, 刘俊勇, 刘晓宇, 等. 基于潮流熵的电网连锁故障传播元件的脆弱性评估[J]. 电力系统自动化, 2012, 36(19): 11-16.

[53] 丁明, 过羿, 张晶晶. 基于效用风险熵的复杂电网连锁故障脆弱性辨识[J]. 电力系统自动化, 2013, 37(17): 52-56.

[54] 蒋乐, 刘俊勇, 魏震波, 等. 基于马尔可夫链模型的输电线路运行状态及其风险评估[J]. 电力系统自动化, 2015, 13: 008.

[55] 丁明, 过羿, 张晶晶, 等. 基于效用风险熵权模糊综合评判的复杂电网节点脆弱性评估[J]. 电工技术学报, 2015, 30(3): 214-222.

[56] 刘文颖, 王佳明, 谢昶, 等. 基于脆性风险熵的复杂电网连锁故障脆性元辨识模型[J]. 中国电机工程学报, 2012, 32(31): 142-147.

[57] 唐亚明, 程秀娟, 薛强, 等. 基于层次分析法的黄土滑塌风险评价指标权重分析[J]. 中国地质灾害与防治学报, 2012, 23(4): 40-45.

[58] 黄慧梅, 金菊良, 汪淑娟. 改进的模糊层次分析法在水污染控制方案优选中的应用[J]. 农业系统科学与综合研究, 2005, 21(1): 55-57.

[59] 许树柏. 实用决策方法——层次分析法原理[M]. 天津: 天津大学出版社, 1988.

[60] 中华人民共和国国家经济贸易委员会. 电力系统安全稳定导则(DL/T 755—2001)[S]. 2001-04-28 发布, 2001-07-11 实施.

[61] Chen J, Thorp J S. Study on cascading dynamics in power transmission systems via a dc hiddle failure model. international[J]. Journal Electrical Power and Energy System, 2005, 27(4): 318-326.

[62] 姜丹, 钱玉美. 效用风险熵[J]. 中国科学技术大学学报, 1994, 24(4): 461-467.

[63] 周湶, 廖婧舒, 廖瑞金, 等. 含分布式电源的配电网停电风险快速评估[J]. 电网技术, 2014, 38(04): 882-887.

[64] 严剑峰, 王之虹, 田芳, 等. 电力系统在线动态安全评估和预警系统[J]. 中国电机工程学报, 2008(34): 87-93.

[65] 陈新宇, 康重庆, 陈敏杰. 极值负荷及其出现时刻的概率化预测[J]. 中国电机工程学报, 2011, 31(22): 64-72.

[66] 刘德伟, 郭剑波, 黄越辉, 等. 基于风电功率概率预测和运行风险约束的含风电场电力系统动态经济调度[J]. 中国电机工程学报, 2013, 33(16): 9-15.

[67] 孙羽,王秀丽,王建学,等. 架空线路冰风荷载风险建模及模糊预测[J]. 中国电机工程学报,2011(07)：21-28.

[68] 丁茂生,王钢,贺文. 基于可靠性经济分析的继电保护最优检修间隔时间[J]. 中国电机工程学报,2007,27(25)：44-48.

[69] 杨明,韩学山,梁军,等. 计及用户停电损失的动态经济调度方法[J]. 中国电机工程学报,2009(31)：103-108.

[70] 吴文可,文福拴,薛禹胜,等. 基于马尔可夫链的电力系统连锁故障预测[J]. 电力系统自动化,2013,37(5)：29-37.

[71] 吴金华,吴耀武,熊信艮. 基于退火演化算法和遗传算法的机组优化组合算法[J]. 电网技术,2003,27(01)：26-29.

[72] 马静,彭明法,李益楠,等. 基于时变状态矩阵的故障系统稳定性分析[J]. 电力系统保护与控制,2014(16)：9-14.

[73] 邓慧琼,艾欣,张东英,等. 基于不确定多属性决策理论的电网连锁故障模式搜索方法[J]. 电网技术,2005,29(13)：50-55.

[74] 丁明,肖遥,张晶晶,等. 基于事故链及动态故障树的电网连锁故障风险评估模型[J]. 中国电机工程学报,2015,35(04)：821-829.

[75] 王永强,律方成,李和明. 基于粗糙集理论和贝叶斯网络的电力变压器故障诊断方法[J]. 中国电机工程学报,2006(08)：137-141.

[76] 董雷,周文萍,张沛,等. 基于动态贝叶斯网络的光伏发电短期概率预测[J]. 中国电机工程学报,2013,33(S1)：38-45.